1001
Daten & Fakten
über die Entstehung der
ERDE

MOIRA BUTTERFIELD

KARL MÜLLER
VERLAG

Inhalt

Die Erde im Weltraum	4
Die Entwicklung der Erde	6
Die Erdoberfläche	8
Das Erdinnere	10
Vulkane und Geysire	12
Erdbeben	14
Berge und Täler	16
Flüsse und Seen	18
Ozeane	20
Küsten	22
Der Himmel	24
Das Wetter	26
Unwetter	28
Klima und Jahreszeiten	30
Die Pflanzen	32
Regenwälder	34
Wüsten	36
Polarregionen	38
Umweltschutz	40
Fakten und Zahlen	42
Register	46

© by Times Four Publishing Ltd 1992
Original Ausgabe: Kingfisher Books, London
© der deutschsprachigen Ausgabe
Karl Müller Verlag, Danziger Straße 6,
D-91052 Erlangen, 1993.

Alle Rechte vorbehalten.
Kein Teil des Werkes darf in irgendeiner Form
(durch Fotokopie, Mikrofilm oder ein ähnliches Verfahren)
ohne die schriftliche Genehmigung des Verlages
reproduziert oder unter Verwendung elektronischer
Systeme verarbeitet, vervielfältigt oder verbreitet werden.

Titel der Originalausgabe: 1001 facts about THE EARTH
Übertragung aus dem Englischen: Dr. Gisela Höppl
Redaktion: Nina Hetzler

Printed in Spain

ISBN 3-86070-376-5

Einleitung

In diesem Buch wirst du eine ganze Reihe interessanter und wissenswerter Dinge über die Erde erfahren. Du kannst hier nachlesen, was für ein Planet unsere Erde ist, und wie sich Wissenschaftler vorstellen, daß sie entstanden ist. Du erfährst, woraus die Erde besteht, und wie sie durch Erdbeben und die Tätigkeit von Vulkanen, Flüssen und Ozeanen ihre heutige Oberflächenform erhalten hat. Außerdem erfährst du etwas über das Wetter und über die Wüsten, Regenwälder und Eiswüsten, die die Erdoberfläche bedecken.

Du kannst über die Umweltverschmutzung nachlesen, du erfährst, was unseren Planeten heute gefährdet, und was man tun kann, um Tier- und Pflanzenwelt zu schützen.

Einige Schlüsselbegriffe in diesem Buch sind fett gedruckt, so wie hier: **Vulkan.** Das soll dir helfen, die Themen zu finden, über die du etwas erfahren möchtest.

Viele wichtige Fakten sind durch einen Punkt am Anfang gekennzeichnet:

- Die Erde ist der fünftgrößte Planet unseres Sonnensystems.

Oben auf jeder Seite findest du interessante Kurzinformationen – zum Beispiel die wertvollsten Edelsteine oder die Namen der ersten Lebewesen der Erde.

Auf jeder Doppelseite findest du die Rubrik „Unglaublich, aber wahr", in der besonders erstaunliche Tatsachen angeführt werden.

Auf den Seiten 42 bis 45 sind wichtige Zahlen und Fakten aufgelistet.

Wenn du etwas schnell heraussuchen willst, hilft dir das Register auf den Seiten 46 bis 48.

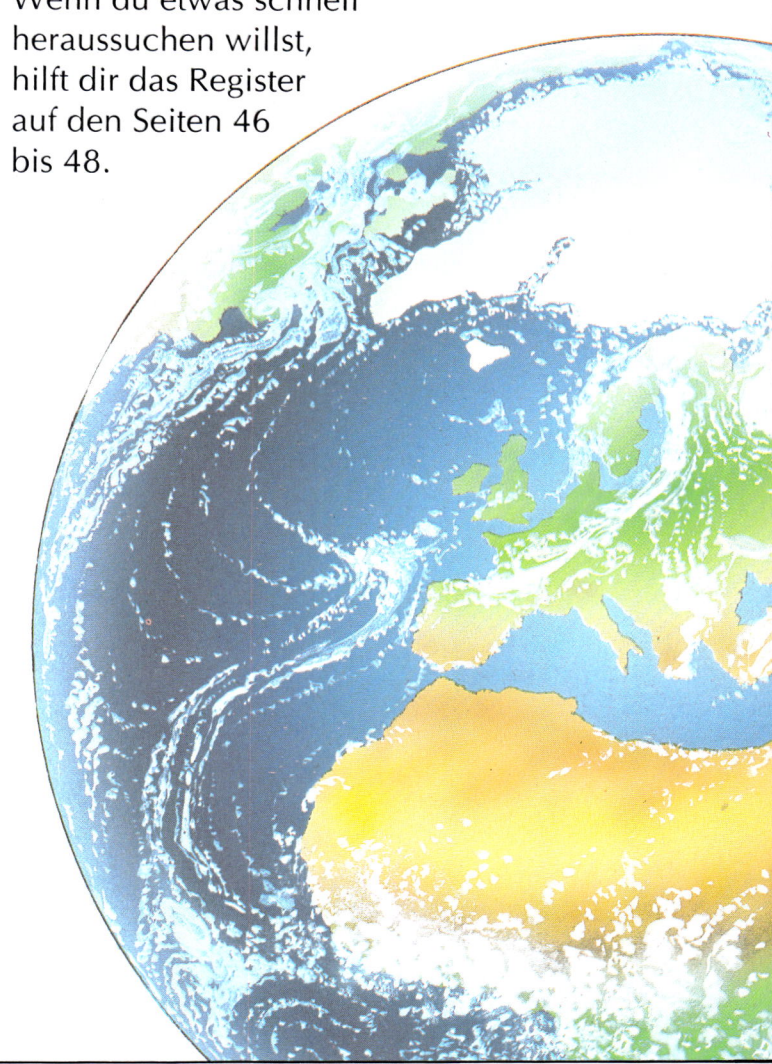

Die Erde im Weltraum

Alles Leben auf der Erde ist abhängig von:

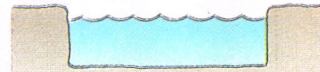

Wasser

Unsere Erde ist ein **Planet,** der sich in einer bestimmten Flugbahn im Weltraum bewegt. Er umkreist dabei einen riesigen Feuerball aus unglaublich heißen Gasen, die **Sonne.** Die Sonne ist ein **Stern.** Sie strahlt **Licht** und **Hitze** ab.

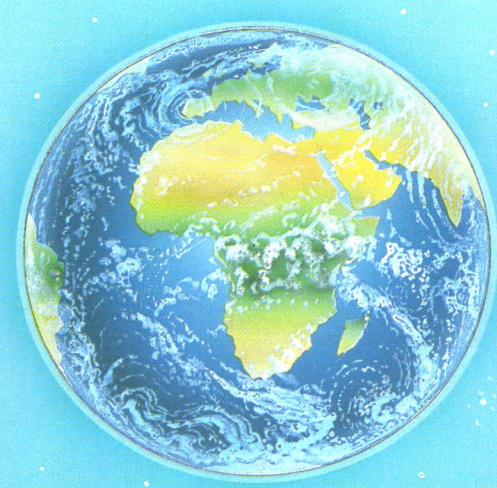

Die Erde ist der einzige uns bekannte Planet auf dem es **Leben** gibt. Sie ist für Lebensformen deshalb so gut geeignet, weil es auf ihr **Wasser** und **Luft** gibt.

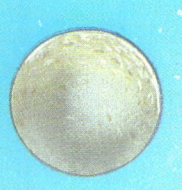

Das Sonnensystem

Die Erde ist ein Teil des **Sonnensystems,** einer Gruppe von neun Planeten, die alle die Sonne umkreisen.

- Die Erde braucht ein Jahr, um die Sonne einmal zu umrunden. Sie legt dabei eine Strecke von 958 Millionen Kilometern zurück.

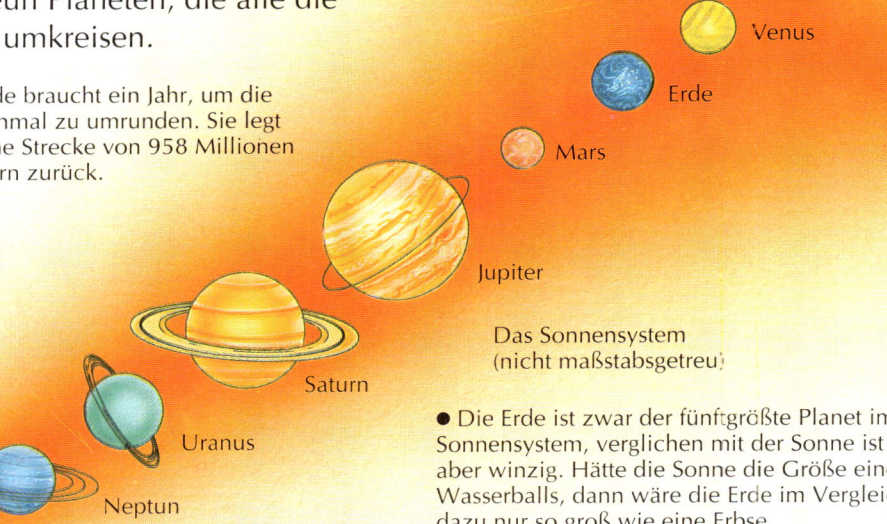

Das Sonnensystem (nicht maßstabsgetreu)

- Die Erde ist zwar der fünftgrößte Planet im Sonnensystem, verglichen mit der Sonne ist sie aber winzig. Hätte die Sonne die Größe eines Wasserballs, dann wäre die Erde im Vergleich dazu nur so groß wie eine Erbse.

Zahlen und Fakten

- Die oberen und unteren Bereiche der Erde nennt man Pole.
- Eine gedachte Linie um die Mitte der Erde nennt man Äquator.

Erddurchmesser von Pol zu Pol – 12 714 km

Erddurchmesser am Äquator - 12 756 km

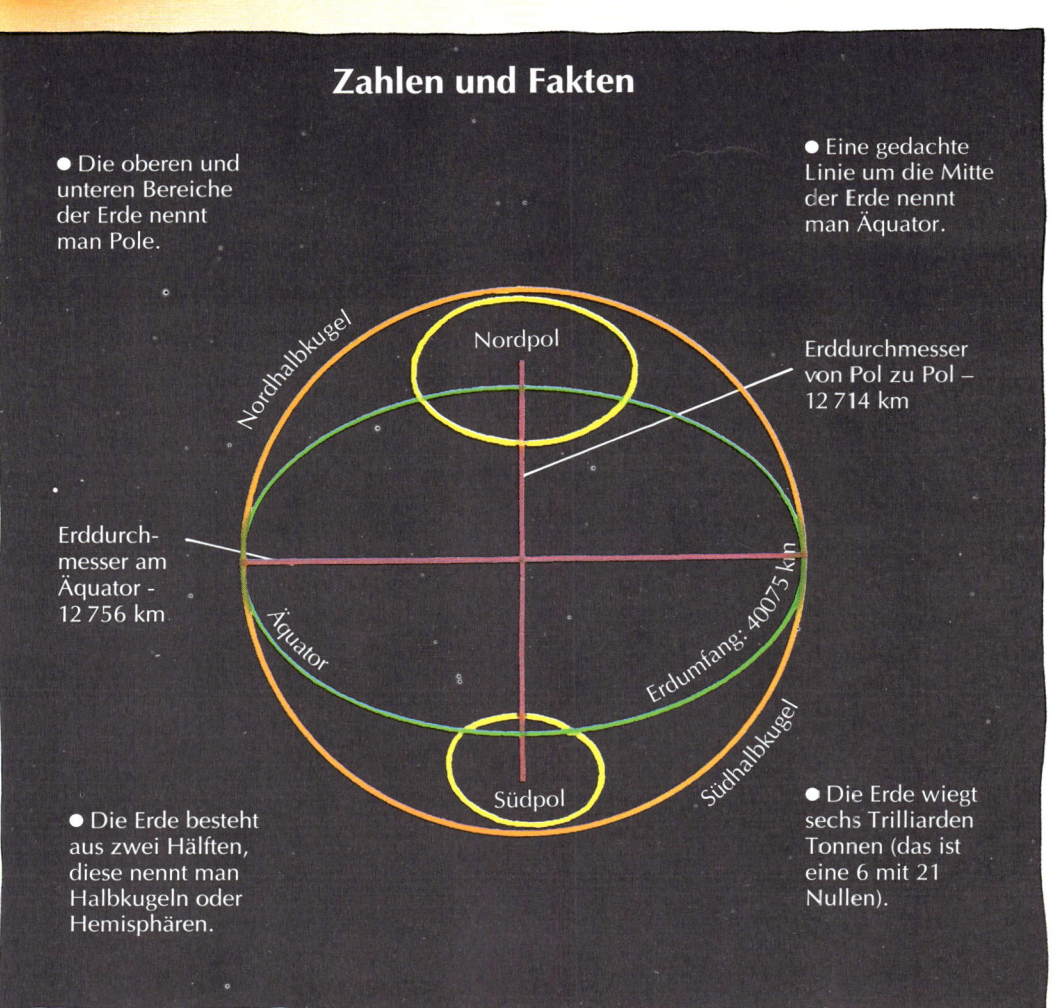

- Die Erde besteht aus zwei Hälften, diese nennt man Halbkugeln oder Hemisphären.
- Die Erde wiegt sechs Trilliarden Tonnen (das ist eine 6 mit 21 Nullen).

Luft Pflanzen (produzieren Sauerstoff) Sonnenwärme

Die Erdumlaufbahn

Der Weg, den die Erde um die Sonne beschreibt, heißt **Erdumlaufbahn.** Sie ist länglich-oval, hat also die Form einer **Ellipse.** Außerdem dreht sich die Erde um ihre eigene Achse. Die **Erdachse** ist eine gedachte Linie von Pol zu Pol, durch den Erdmittelpunkt.

- Die Erde dreht sich jeden Tag einmal um ihre eigene Achse. Wenn sich der Teil der Erde, auf dem du dich befindest, von der Sonne weg bewegt, wird es dunkel.

- Wenn sich die Erde weiter dreht, bewegt sich der Teil, auf dem du wohnst der Sonne zu und es wird dann wieder hell.

- Im Lauf des Tages sieht es so aus, als bewege sich die Sonne am Himmel. Tatsächlich bewegt sich aber nicht die Sonne, sondern die Erde.

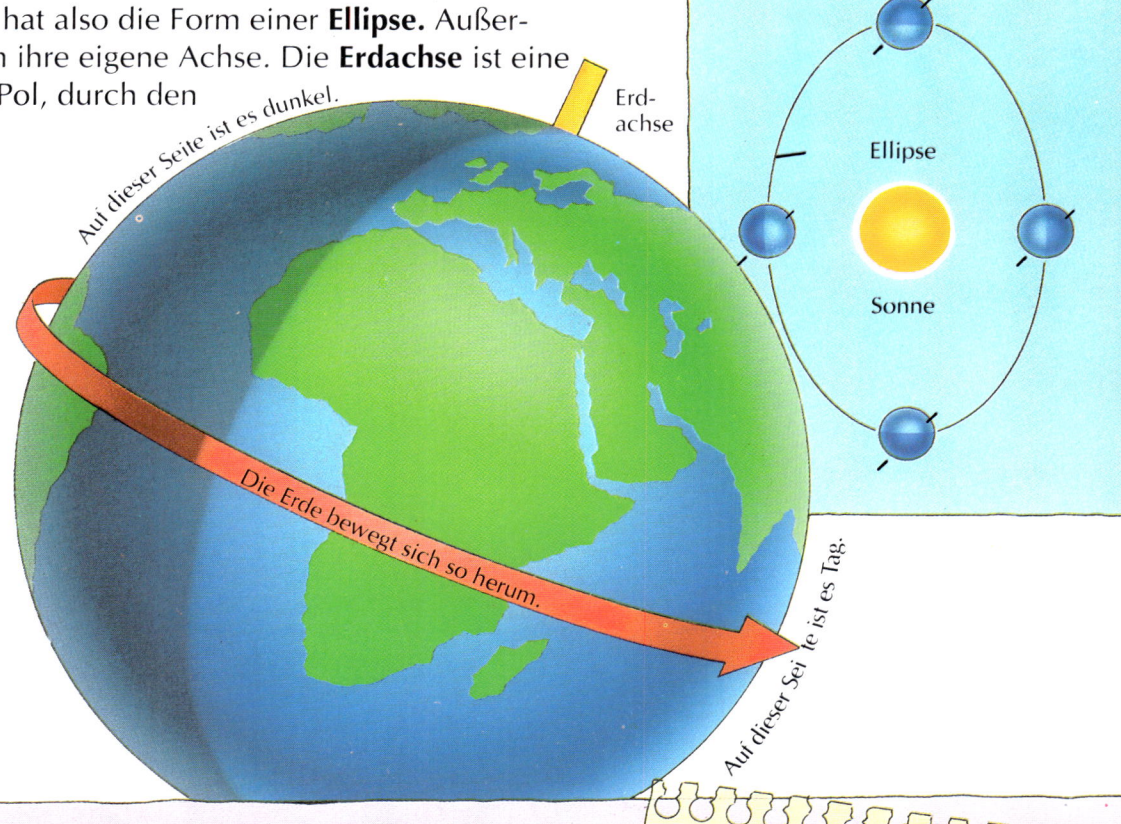

Der Mond

Der Mond ist ein **Trabant** der Erde. Das bedeutet, er umkreist die Erde. Für eine Umkreisung braucht er 27 Tage, 7 Stunden und 43,25 Minuten.

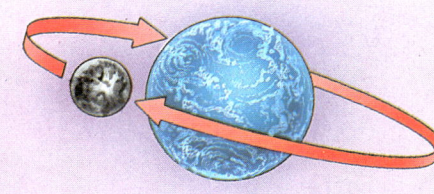

- Eine Hälfte des Mondes ist immer der Sonne abgewandt, also ständig im Schatten. Diese dunkle Seite des Mondes kann man von der Erde aus nicht sehen, man konnte sie aber von Raumschiffen aus fotografieren.

- Manche Wissenschaftler glauben, der Mond sei einmal ein Teil der Erde gewesen. Er könnte sich von der Erde gelöst haben, als vor Milliarden von Jahren ein riesiger Asteroid mit unserer Erde zusammenstieß.

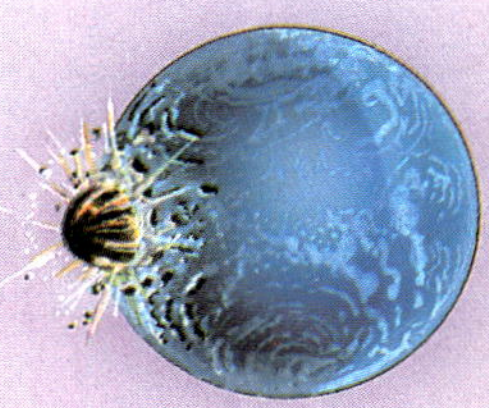

Unglaublich, aber wahr

- Die alten Griechen meinten, die Sterne seien Lampen, die über der Erde hängen.

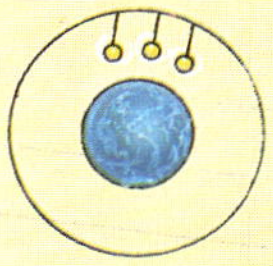

- Früher glaubte man, daß die Erde eine Scheibe sei und daß Schiffe, die zu weit segelten, über den Rand fallen.

- Jahrhunderte lang dachte man, die Sonne drehe sich um die Erde.

- Die Erde wird jedes Jahr schwerer, weil sich Staub aus dem Weltall auf ihr ansammelt.

5

Die Entwicklung der Erde

Einige der ersten Pflanzen und Tiere auf der Erde:

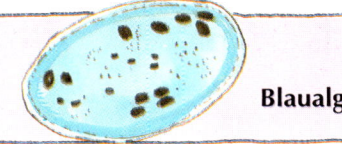

Blaualgen

Das Sonnensystem entstand vor etwa **4,5 Milliarden Jahren** aus einer riesigen Gas- und Staubwolke, vielleicht als Folge der Explosion eines gigantischen Sterns.

Aus der Mitte dieser Wolke bildete sich die Sonne heraus, und das Gas und der Staub begannen um diese Sonne zu kreisen.

Allmählich sammelte sich immer mehr Staub in Klumpen, und es entstanden die **Planeten.**

Die Erde war vermutlich zunächst ein Gesteinsklumpen, der von einem dichten Gasnebel umgeben war. Die Erde ist mindestens 3 000 Millionen Jahre alt, vielleicht aber auch älter. Seit ihren Anfängen hat sie sich sehr verändert.

Unglaublich, aber wahr

- Man hat in Felsen die versteinerten Fußabdrücke früher Menschen gefunden.
- Der größte Dinosaurier war der Supersaurus. Er wog so viel wie 15 Elefanten.
- Früher dachten die Menschen, daß Fossilien die Überreste von Drachen und Riesen seien.
- Der Stegosaurus war 9 m lang, sein Gehirn hatte aber nur die Größe einer Walnuß.

Die Erdgeschichte

Man untergliedert die Entwicklung der Erde in fünf Abschnitte, diese Abschnitte heißen **Erdzeitalter**. Die ersten beiden, das **Archäozoikum** und das **Proterozoikum,** dauerten vier Milliarden Jahre, das sind fast **80%** der gesamten Erdgeschichte.

- Während des Archäozoikums (Erdurzeit) entstand die Erde, und es bildeten sich Wasser und Gase wie zum Beispiel Sauerstoff. Vor etwa 3,2 Milliarden Jahren entstanden winzige und sehr einfache Lebewesen, die Bakterien und Algen.

- Während des Proterozoikums (Erdfrühzeit), vor etwa 700 Millionen Jahren, entwickelten sich in den Ozeanen die ersten Tiere. Das waren sehr einfache Tiere wie Quallen und Würmer. Sie hatten noch kein Knochensystem.

- Das Paläozoikum (Erdaltertum) dauerte von vor etwa 570 bis vor etwa 245 Millionen Jahren. Auf der Erde gab es damals riesige Sumpfgebiete, und es entstanden langsam größere Pflanzen, Fische und Amphibien.

- Im Mesozoikum (Erdmittelalter), vor etwa 245 bis 65 Millionen Jahren, entwickelten sich viele Tiere, darunter auch riesige Reptilien: die Dinosaurier. Außerdem traten die ersten Säugetiere und Vögel auf.

- Das Känozoikum (Erdneuzeit) begann vor etwa 65 Millionen Jahren, und es dauert bis heute an. Die Tiere und Pflanzen, die wir kennen, entwickelten sich alle in dieser Zeit.

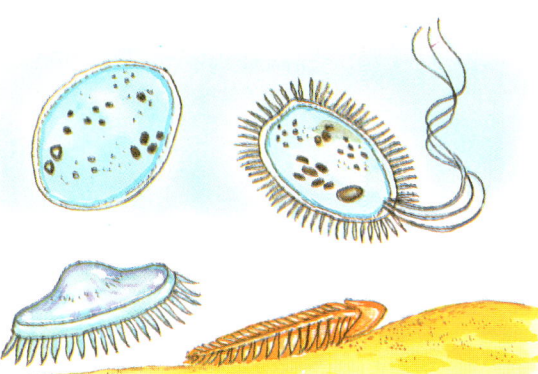

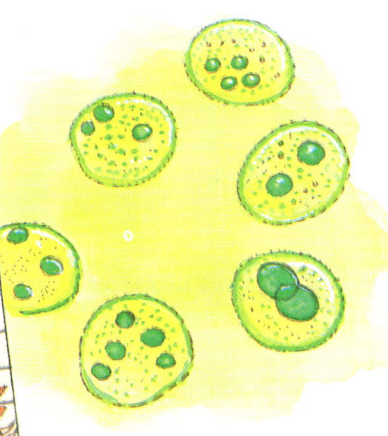

Mikroskopisch kleine Pflanzen, die Algen, gehörten zu den ersten Lebensformen auf der Erde.

Wie das Leben begann

Als die Erde noch jung war, gab es auf ihrer Oberfläche eine Mischung verschiedener Chemikalien. Unter Einwirkung der Sonneneinstrahlung bildeten sich daraus neue Stoffe, die **Aminosäuren** und **Zucker.**

Aminosäuren und Zucker traten miteinander in Verbindung und schließlich entstanden lebende **Zellen.** Zellen sind die kleinsten Einheiten des Lebens. Alle Lebewesen bestehen aus Zellen.

Quallen  Spriggina-Würmer  Dickinsonia-Würmer 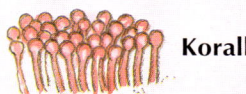 Korallen

Fossilien

Fossilien sind versteinerte Abdrücke von Tieren oder Pflanzen. **Fossilienfunde** können Aufschluß über das Aussehen früherer Pflanzen und Tiere geben.

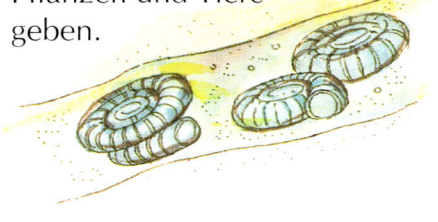

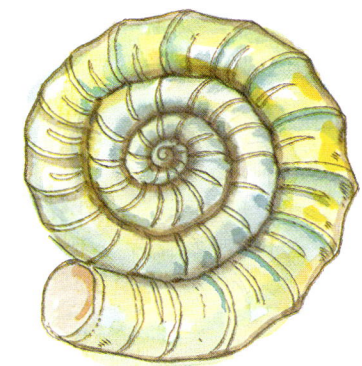

- Eine Fossilie entsteht, wenn zum Beispiel ein totes Tier von Schlamm oder Ton überdeckt wird.

- Die weichen Teile des Tierkörpers zerfallen, und die harten, wie die Knochen, bleiben zurück.

- Im Laufe von tausenden von Jahren wird der Schlamm zu Stein, und die Reste des Tieres werden zur Fossilie.

- Tier- und Pflanzenfossilien findet man auch in Bernstein. Bernstein ist aus dem Harz von Kiefern entstanden, die vor Millionen von Jahren auf der Erde standen. Dieses Harz wurde im Lauf der Zeit zu Stein.

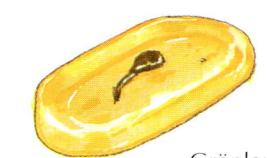 Fossilie in Bernstein

- In Grönland wurden fossile Überreste mikroskopisch kleiner Zellen gefunden, die 3 800 Millionen Jahre alt sind. Sie sind die ältesten Belege von Leben auf der Erde.

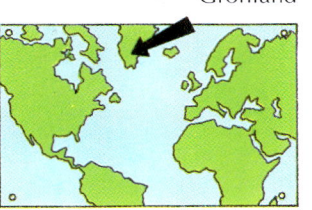 Grönland

Evolution

Evolution heißt die Theorie, die besagt, daß sich Tiere und Pflanzen über Millionen von Jahren langsam verändert haben, wobei sie sich immer an ihre Umgebung angepaßt haben, um überleben zu können. So haben sich Affen und Menschen vermutlich aus denselben Vorfahren entwickelt.

Dinosaurier

Dinosaurier waren die größten Tiere, die jemals auf der Erde gelebt haben. Sie waren Reptilien und ihre Haut hatte Schuppen.

- Die pflanzenfressenden Dinosaurier waren riesig; Brachiosaurus und Diplodokus waren mit fast 30 m Länge die größten unter ihnen.

- Die fleischfressenden Dinosaurier waren kleiner, und sie liefen nicht auf allen Vieren, sondern nur auf den Hinterbeinen. Der größte von ihnen war der Tyrannosaurus, er war etwa 5 m hoch.

Die Dinosaurier verschwanden vor etwa 65 Millionen Jahren wieder von der Erde, keiner weiß eigentlich so genau warum. Vielleicht sind sie ausgestorben weil:

- Ein riesiger Asteroid mit der Erde zusammenstieß und so viel Staub aufwirbelte, daß die Sonnenstrahlen die Erdoberfläche nicht mehr erreichten und Pflanzen und einige der größten Tiere ausstarben.

- Es auf der Erde immer wärmer wurde, zu warm für die Dinosaurier.

- Die Anzahl der Säugetiere immer größer wurde und sie den Dinosauriern das Futter wegfraßen.

Die Erdoberfläche

Die sieben Kontinente sind:

 Australien: 7,7 Millionen km²

 Asien: 44,7 Millionen km²

Die äußerste Schale der Erde heißt **Erdkruste.** Sie besteht aus 20 riesigen Bruchstücken, den **Kontinentalplatten,** die auf einer heißen, teilweise geschmolzenen Gesteinsmasse schwimmen.

Auf der Erdkruste liegen das **Land** und die **Ozeane.** Das feste Land unterteilt sich in sieben **Kontinente.**

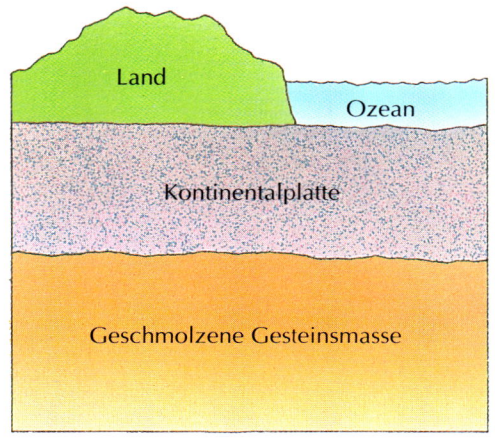

Die Kontinentalplatten

Die **Kontinentalplatten** schwimmen auf einer heißen Gesteinsmasse, sie bewegen sich dabei aber nur sehr langsam. Mit den Platten bewegen sich die Kontinente und Ozeane. An manchen Stellen:

● Stoßen die Kontinentalplatten zusammen und drücken dabei Berge hoch, oder sie lassen Tiefseegräben und Vulkane entstehen (siehe Seite 12 und 21).

● Gleiten die Platten aneinander vorbei, wobei sich so viel Spannung aufbaut, daß es zu Erdbeben kommt (siehe Seite 14).

● Bewegen sie sich auseinander, so daß der Ozeanboden aufreißt und geschmolzene Gesteinsmasse durch die Risse nach oben dringt.

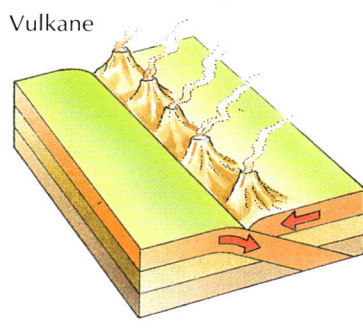
Vulkane

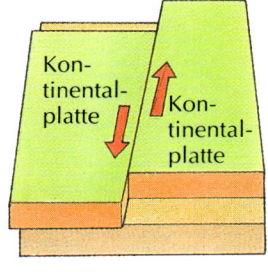

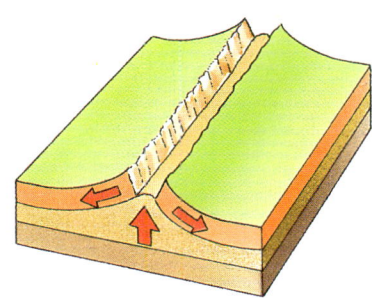
Der Meeresboden reißt auseinander.

Unglaublich, aber wahr

● Früher dachten die Menschen, die Ozeane und Kontinente seien das Ergebnis der Sintflut.

● Die Kontinentalplatten bewegen sich zwischen 1,3 cm und 10 cm pro Jahr.

● Die Weltmeere werden jedes Jahr zwischen einem und 10 cm größer.

● Die Bezeichnung Pangaea kommt aus dem Altgriechischen und heißt „ganze Erde".

Einige Fakten

● Grönland ist die größte Insel der Erde. Vielleicht besteht Grönland aber auch aus mehreren kleinen Inseln, die alle unter einer einzigen dicken Eisschicht liegen.

Grönland

● Der nördlichste Punkt festen Landes ist die kleine Insel Oodaq nahe dem Nordpol. Sie liegt unter Eis.

● Der südlichste Punkt der Erde ist die Amundsen-Scott Südpol-Station in der Antarktis.

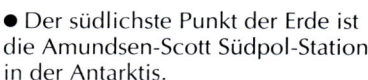

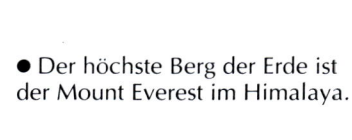

● Der höchste Berg der Erde ist der Mount Everest im Himalaya.

|  Afrika: 30,4 Millionen km² |  Nordamerika: 24,5 Millionen km² | Südamerika: 17,8 Millionen km² |  Antarktis: 14 Millionen km² | Europa: 10 Millionen km² |

Die Kontinente

Die **Kontinente** bewegen sich mit den Kontinentalplatten. Diese Bewegungen sind sehr langsam. Die Kontinente haben Millionen von Jahren gebraucht, um ihre gegenwärtige Position zu erreichen.

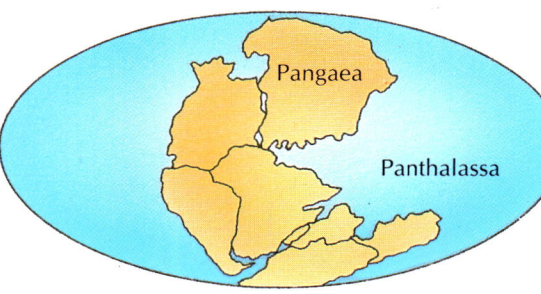

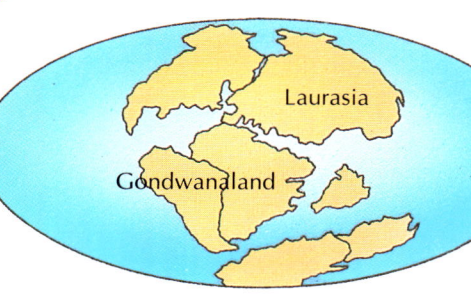

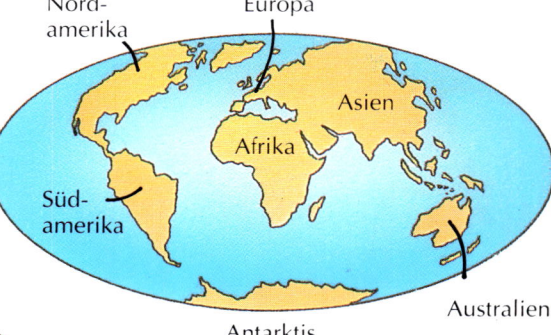

- Vor etwa 120 Millionen Jahren gab es zwei Kontinente, Laurasia und Gondwanaland.

- Laurasia brach auseinander und es entstanden Nordamerika, Europa und Asien.

- Ursprünglich hingen einmal alle Kontinente zusammen, sie bildeten eine große Landmasse, Pangaea. Diese Landmasse begann vor etwa 200 Millionen Jahren auseinanderzubrechen.

- Pangaea war von einem riesigen Ozean umgeben, der Panthalassa-See.

- Gondwanaland brach auch auseinander und es entstanden Afrika, Südamerika, die Antarktis, Australien und Indien.

- Die Kontinente bewegen sich heute immer noch. Zum Beispiel bewegt sich Nordamerika jedes Jahr um 3 cm von Europa weg.

Vergangenheit und Zukunft

Einige Beispiele dafür, wie die Kontinente früher einmal aussahen.

- Die Ostküste von Südamerika und die Westküste von Afrika hingen zusammen. Wenn man sich diese Kontinente heute anschaut, sieht man, daß sie wie Puzzlesteinchen ineinander passen.

- Afrika und die Antarktis hingen auch einmal zusammen. Das weiß man aus Fossilienfunden tropischer Pflanzen aus Afrika, die man in der heutigen Antarktis gefunden hat.

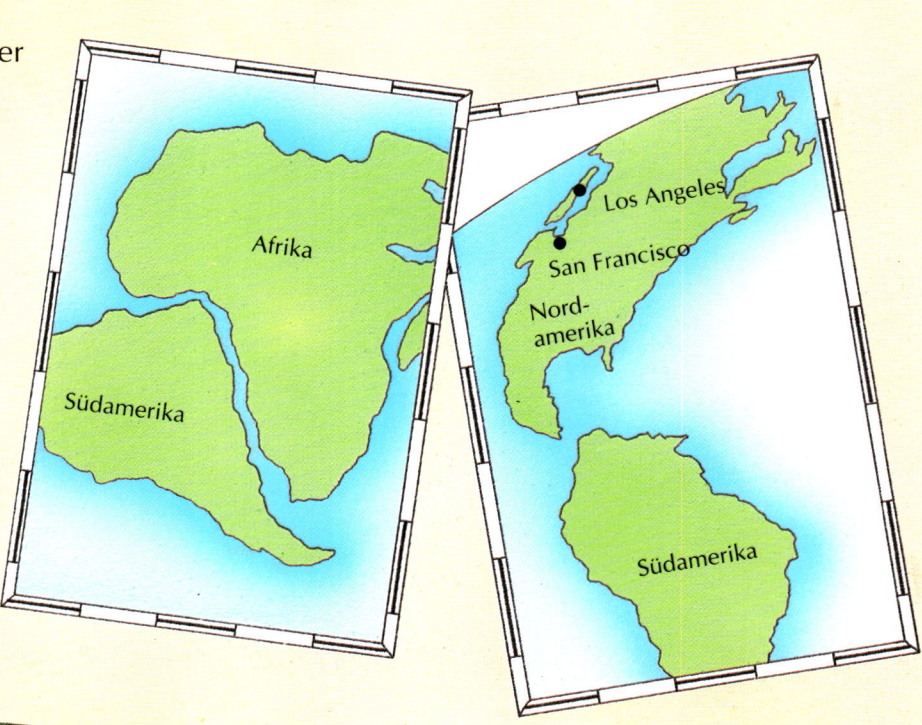

Beispiele dafür, wie die Erde in **50 Millionen Jahren** aussehen könnte:

- Die beiden Kontinente Nord- und Südamerika sind auseinandergebrochen.

- Afrika und Asien sind ebenfalls auseinandergebrochen.

- Der Teil von Kalifornien, in dem heute die Stadt Los Angeles liegt, hat sich von Nordamerika gelöst. Er wird nach Norden gedriftet sein und auf einer Höhe nördlich von San Francisco liegen.

Das Erdinnere

Einige der wertvollsten Edelsteine: **Rubin**

Das Erdinnere besteht aus vier verschiedenen Zonen. Die oberste ist die **Erdkruste,** darunter liegt eine Zone heißen, teilweise geschmolzenen Gesteins, der **Erdmantel.**

Unter dem Erdmantel befindet sich eine Zone flüssigen Metalls, der **äußere Erdkern.**

Unterhalb dieser Zone, in ihrem Innersten, besteht die Erde aus sehr heißem, festem Metall, das ist der **innere Erdkern.**

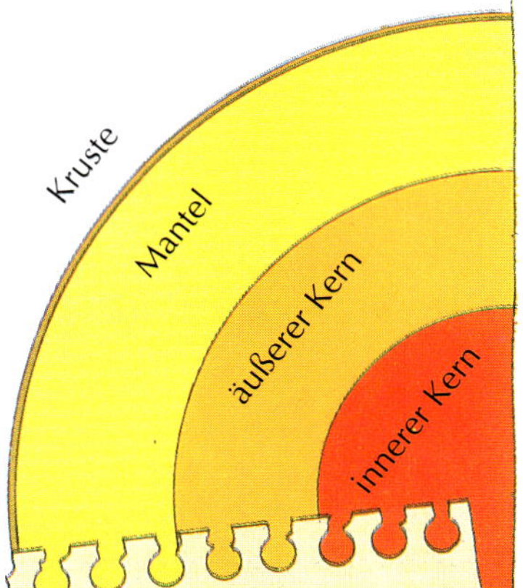

Die Zonen des Erdinneren

Mit Hilfe der Analyse von **Gesteinen** und der Untersuchung von **Druckwellen,** die bei einem Erdbeben (siehe Seite 14/15) durch das Erdinnere zur Oberfläche dringen, konnten Wissenschaftler erschließen, wie es im Erdinneren aussieht.

- Man nimmt an, daß die Temperatur im Mittelpunkt der Erde etwa 4500 °C beträgt, das ist 45mal heißer als kochendes Wasser.

- Es bildet sich ständig neue Erdkruste, und zwar an den Stellen, an denen die Kontinentalplatten in den Ozeanen auseinanderdriften und geschmolzene Gesteinsmasse durch die entstehenden Risse nach oben dringt.

- Es gibt zwei Arten von Erdkrusten: ozeanische Kruste (die Meeresböden) und kontinentale Kruste (die Landmassen).

Kontinentale Kruste Ozeanische Kruste

- Die tiefsten Gesteinsproben, die Wissenschaftlern zur Verfügung stehen, kommen aus einem 100 km tiefen Loch in der Erdkruste.

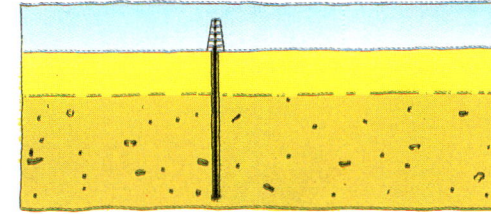

Unglaublich, aber wahr

- Diamanten sind härter als jedes andere Material, das in der Natur vorkommt.

- Am Strand spielende Kinder haben den ersten südafrikanischen Diamanten gefunden.

- Der größte Diamant, der je gefunden wurde, wog über ein halbes Kilo.

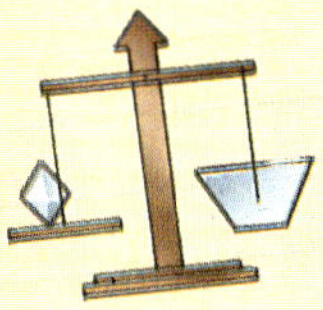

- Diamanten bestehen – ebenso wie Ruß – aus Kohlenstoff.

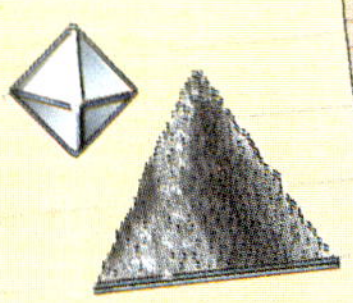

Gesteine

Es gibt auf der Erde drei verschiedene Arten von Gesteinen: **Magmagesteine, Sedimentgesteine** und **metamorphe Gesteine.**

- Magmagesteine entstehen, wenn heißes, geschmolzenes Gesteinsmaterial, sogenanntes Magma, aus der Tiefe in die Kruste aufsteigt und dort fest wird.

- Manche Sedimentgesteine entstehen aus Bruchstücken anderer Gesteine, die unter die Erdoberfläche gedrückt und dort durch den Druck zusammengepreßt werden.

- Andere Sedimentgesteine entwickeln sich aus Lagen abgestorbener Tiere und Pflanzen, die sich auf dem Ozeanboden ansammeln. Über viele Millionen Jahre hinweg werden diese Schichten dann zu Stein.

- Metamorphe Gesteine entstehen tief unter der Erdoberfläche, dort werden Magmagesteine und Sedimentgesteine unter Hitze und Druck verändert.

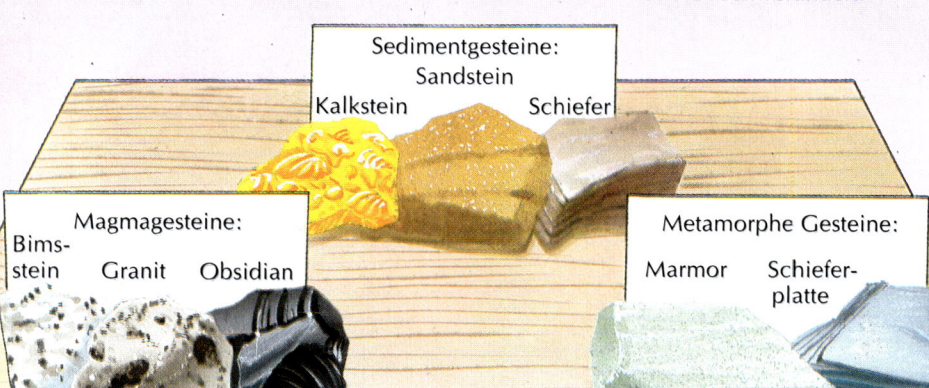
Sedimentgesteine: Sandstein, Kalkstein, Schiefer
Magmagesteine: Bimsstein, Granit, Obsidian
Metamorphe Gesteine: Marmor, Schieferplatte

| Diamant  Smaragd  Saphir |

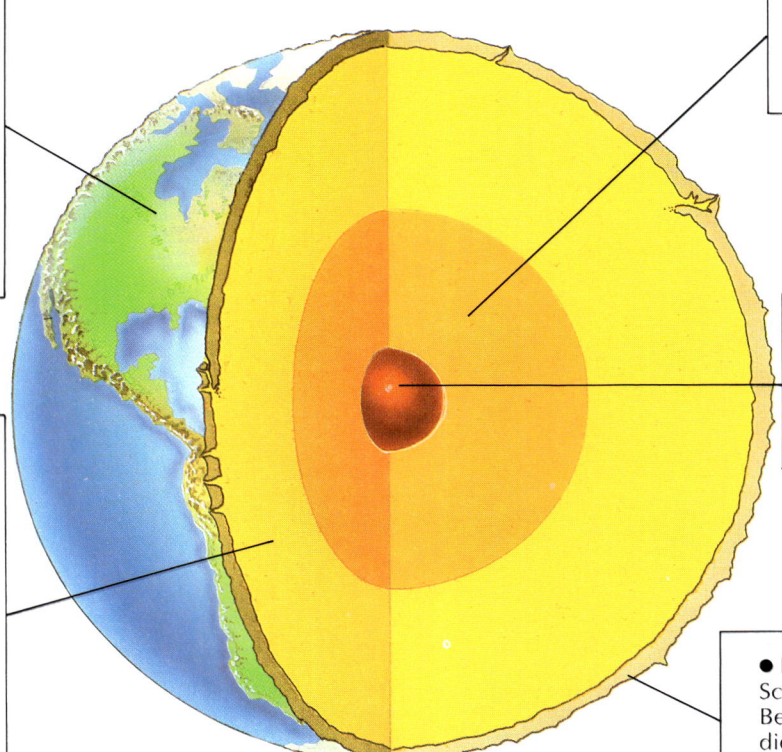

- Die Erdkruste reicht bis etwa 40 km unter die Oberfläche. Sie besteht aus leichtem Gestein. Die Temperatur steigt nach unten pro Kilometer um etwa 30 °C. An der Grenze zum Erdmantel sind die Gesteine der Kruste rotglühend.

- Der äußere Erdkern hat einen Durchmesser von etwa 2 000 km. Er besteht aus einer Legierung (Metallgemisch) aus sehr heißem, flüssigem Eisen und Nickel.

- Der innere Erdkern besteht aus festem Material (ebenfalls eine Eisen-Nickel-Legierung) und hat einen Durchmesser von etwa 2 400 km.

- Der Erdmantel hat einen Durchmesser von etwa 2 900 km. Im oberen Teil besteht er aus festem Gestein. Weiter unten ist es so heiß, daß das Gestein schmilzt und dann dickflüssig wird. Der Erdmantel besteht vorwiegend aus Eisen und Magnesium. Zwischen Erdkruste und -mantel gibt es eine klare Trennungslinie.

- Die Erdkruste ist nur eine sehr dünne Schicht. Ihre Oberfläche ist durch die Bewegung der Kontinentalplatten und die Abtragung ständigen Veränderungen unterworfen.

Reichtümer aus der Tiefe

Unsere hauptsächlichen **Energie- und Wärmelieferanten** kommen aus der Tiefe der Erdkruste. Erdöl, Erdgas und Kohle werden als **fossile Brennstoffe** bezeichnet.

- Erdöl ist aus winzigen Meereslebewesen entstanden, die vor Millionen von Jahren lebten. Als sie abstarben, sanken sie auf den Meeresboden und sammelten sich dort an. Neue Ablagerungen drückten sie immer weiter in die Tiefe und dabei wurden sie allmählich zu Erdöl umgewandelt.

- Kohle ist aus Bäumen entstanden, die vor Millionen von Jahren abstarben. Schichten dieses toten Pflanzenmaterials wurden dann immer tiefer hinabgedrückt und dabei schließlich in Kohle umgewandelt.

- Erdgas ist bei der Zersetzung von Pflanzen und Tieren entstanden. Es wird meistens zusammen mit Erdöl gefunden.

Erdölförderplattform (Bohrinsel)

Edelsteine

Unter der Erdoberfläche kann man auch **Edelsteine** finden.

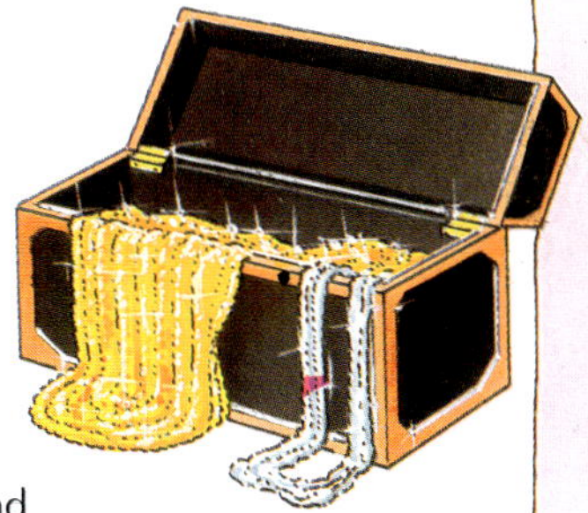

- Edelsteine bilden sich als Kristalle in Magmagestein. Sie sind von unterschiedlicher Farbe, Form und Größe. Da sie sehr selten sind, galten sie schon immer als wertvoll.

- Die seltensten Diamanten sind bläulich oder rosa. Rubine sind die seltensten Edelsteine überhaupt. Die schönsten Rubine kommen aus Myanmar (Birma).

- Die schönsten Saphire stammen aus Birma, Kashmir (Indien) und Montana (USA).

- Die schönsten Smaragde kommen aus Kolumbien in Südamerika.

Vulkane und Geysire

Diese Dinge können zermahlenes Vulkangestein enthalten:  Zahnpasta

Vulkane entstehen, wenn heißes, glutflüssiges Material durch Risse in der Erdkruste aufsteigt. Die meisten Vulkane entstehen dort, wo zwei **Kontinentalplatten** aneinanderstoßen oder auseinanderdriften (siehe Seite 8).

Vulkane, die immer wieder ausbrechen, nennt man **aktiv.** Viele dieser aktiven Vulkane liegen um den Pazifischen Ozean herum, im **„Pazifischen Feuerring".**

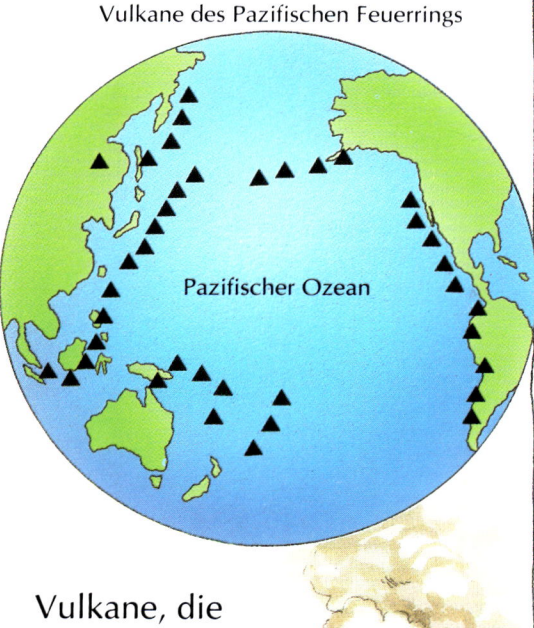

Vulkane des Pazifischen Feuerrings

Vulkane, die lange nicht ausgebrochen sind, nennt man **erloschen.**

Dieser Vulkan ist aktiv

Wie ein Vulkan entsteht

In der Tiefe baut sich **Druck** auf und geschmolzenes Gesteinsmaterial dringt von einer Kammer unter der Erdoberfläche nach oben. Das Magma wird als heiße **Lava** ausgespien.

Explosionskrater
Eruptivgang
Asche- und Lavaschichten

- Asche, Lava und Gestein sammeln sich allmählich an, und es entsteht ein Berg mit einem Krater an der Spitze. Manchmal tritt Lava auch durch Seitenschlote, sogenannte Eruptivgänge, aus.

- Gas, Lava und Brocken festen Gesteins (Tephra) werden ausgespien. Große, teilweise geschmolzene Tephraklumpen werden auch vulkanische Bomben genannt.

Magmakammer

Heiße Quellen und Geysire

Heiße Quellen entstehen, wenn Grundwasser von heißem Gestein unter der Erdoberfläche aufgeheizt wird. Das kochende Wasser steigt dann durch Risse im Boden auf.

Geysire sind heiße Quellen, aus denen in regelmäßigen Abständen Wasser und Dampf in die Luft schießen.

- Der Yellowstone Nationalpark in den USA hat über 2 500 Geysire. Einer davon ist weltbekannt, er heißt „Old Faithful".

- Auch auf Neuseeland und Island gibt es viele Geysire.

- Eine Fumarole ist ein Riß im Boden, durch den mehr Gas als Wasser austritt. Fumarolen findet man häufig an den Hängen von Vulkanen. Manchmal sammeln sich Magmaablagerungen um die Fumarolöffnung herum an.

Eine Fumarole

 Make-up

 Scheuerpulver

 Straßenbau-material

Verschiedene Vulkanformen

Die **Form eines Vulkans** hängt davon ab, durch welche Eruption er entstanden ist und welches Material bei den Ausbrüchen ausgetreten ist.

- Schildvulkane sehen wie umgedrehte Untertassen aus, sie haben sehr flache Hänge.

- Aschenkegelvulkane sind sehr hoch und steil.

- Schicht- oder Stratovulkane sind kegelförmige Berge.

Eruptionstypen

Je nach ihrer Stärke unterscheidet man verschiedene Arten von **Vulkanausbrüchen.**

- Hawaii-Typ: Diese Eruptionen sind nicht sehr stark, bei einem Ausbruch fließen Ströme glutflüssiger Lava an den Hängen des Vulkans herab.

- Stromboli-Typ: Die austretende Lava ist dickflüssig, die Ausbrüche sind nicht besonders heftig und erfolgen in regelmäßigen Abständen.

- Vesuv-Typ: Diese Eruptionen sind explosionsartig und es wird dabei Tephra, Staub, Gas und Asche herausgeschleudert.

- Pelée-Typ: Bei gigantischen Explosionen wird eine riesige Glutwolke aus Gas und Lava herausgeschleudert.

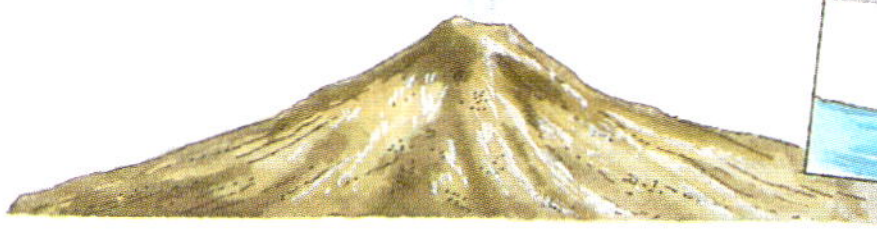

Unglaublich, aber wahr

- 1783 wurde durch einen Vulkanausbruch in Island so viel Staub in die Atmosphäre geschleudert, daß sich in Europa die Sonne verdunkelte.

- Der größte bekannte Vulkankrater befindet sich auf dem Mars. Er hat einen Durchmesser von 80 km und ist dreimal so hoch wie der Mount Everest.

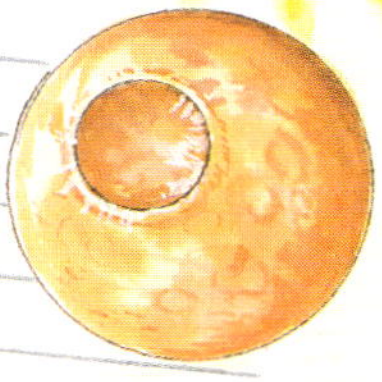

- Heißes Wasser aus Geysiren heizt in Reykjavik, der Hauptstadt von Island, Wohnungen und Büros.

- Jedes Jahr brechen etwa 20 bis 30 Vulkane – meist unter dem Meer – aus.

Vulkaninseln

Viele **Inseln** sind durch Vulkanausbrüche unter dem Meeresspiegel entstanden. Zunächst wird Asche herausgeschleudert, dann sammeln sich allmählich Gesteinsbrocken und Lava an, bis der Berg schließlich über den Meeresspiegel hinausragt.

- 1963 tauchte nahe Island die Vulkaninsel Surtsey aus dem Meer auf, sie ist innerhalb von etwa drei Wochen entstanden.

- Im Jahre 1883 explodierte die Vulkaninsel Krakatoa bei Java. Dabei wurden Gesteinsbrocken bis zu 80 km hoch in die Luft geschleudert.

Pompeji

Im Jahre 79 nach Christus brach der italienische Vulkan **Vesuv** aus und begrub die römischen Städte **Pompeji** und **Herculaneum** unter Lava und Asche.

- Der Vesuv ist ein heute noch aktiv. Sollte er wieder ausbrechen, dann müßte die in der Nähe liegende Stadt Neapel evakuiert werden.

Erdbeben

Diese Tiere verhalten sich ungewöhnlich, wenn Erdbeben drohen:

Tauben

Wenn **Druckwellen** durch festes Gestein im Erdinneren dringen und die Oberfläche erreichen, dann bebt der Erdboden, und es können große Risse entstehen, so daß manchmal ganze Autos verschluckt werden.

Erdbeben ereignen sich vor allem dort, wo zwei Kontinen-

talplatten aufeinanderstoßen. Der Druck, der dadurch aufgebaut wird, läßt tiefe Risse im Gestein entstehen, die **Verwerfungslinien**. Bei einem Erdbeben wird das Gestein auf beiden Seiten der Verwerfungslinie gegeneinander verschoben. Dadurch verbiegen oder zerbrechen Gesteinsschichten und es entstehen Druckwellen, die sogenannten **Erdbebenwellen**.

Querschnitt durch ein Erdbeben

Ein Erdbeben hat seinen Ursprung unter der Erdoberfläche, dort wo sich das Gestein bewegt.

Die Bewegung läßt **Druckwellen** entstehen, die sich in Richtung Erdoberfläche fortpflanzen.

● Der Punkt, an dem das Erdbeben in der Tiefe seinen Ursprung hat, heißt Hypozentrum.

● Der Punkt an der Erdoberfläche, der genau über dem Hypozentrum liegt, heißt Epizentrum.

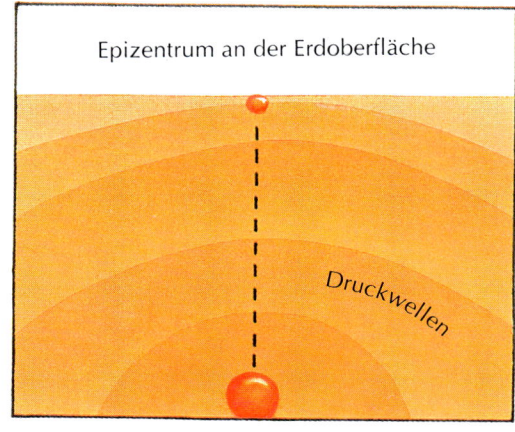

Epizentrum an der Erdoberfläche

Druckwellen

Hypozentrum in der Tiefe

● Nach einem größeren Erdbeben kann es noch viele kleinere Beben, sogenannte Nachbeben geben. Sie entstehen, weil das Gestein in der Tiefe wieder an seinen alten Platz zurückfällt.

Erdbebengebiete

● Die meisten Erdbeben ereignen sich in den an den Pazifik angrenzenden Regionen oder in Gebirgsregionen wie dem Himalaya oder den Alpen.

● Die San-Andreas-Spalte verläuft entlang der kalifornischen Küste. Im Jahr 1906 bewegten sich die Gesteinspakete auf der einen Seite der Verwerfungslinie um 4,6 m und verursachten dabei ein starkes Erdbeben.

San Francisco
San-Andreas-Verwerfungslinie
Los Angeles

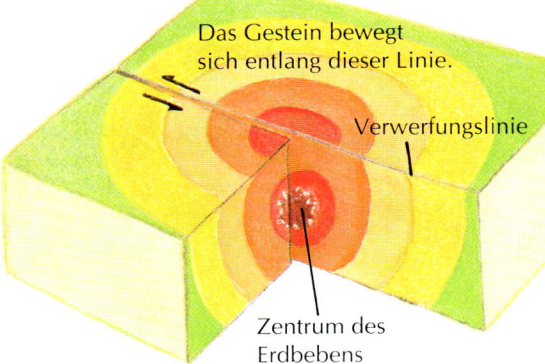

Das Gestein bewegt sich entlang dieser Linie.
Verwerfungslinie
Zentrum des Erdbebens

Erdbebensichere Gebäude

● Erdbebensichere Gebäude sind Stahlbetonkonstruktionen auf einem Betonsockel. Viele Wolkenkratzer in San Francisco sind so gebaut.

Die Auswirkungen von Erdbeben

Erdbeben können:

● Riesige, sich schnell fortpflanzende Flutwellen, sogenannte Tsunami, verursachen. Die höchste solche Welle, die jemals beobachtet wurde, war 67 m hoch (das entspricht etwa 9 Häusern).

● Gefährliche Schlamm- und Steinlawinen auslösen, die umgebendes Land verschütten.

● Feuersbrünste, durch gebrochene Gasleitungen und Kurzschlüsse in elektrischen Kabeln verursachen.

Hunde Schlangen Hammer-haie

Erdbebenmessung

Erdbeben werden anhand der **Richter-Skala** oder der **Mercalli-Skala** gemessen. Die Richter-Skala mißt die Erdbebenenergie in acht Stufen. Jede Stufe entspricht einer Energie, die zehnmal stärker ist als die bei der Stufe davor. Die Mercalli-Skala hat 12 Stufen und mißt die Auswirkungen des Erdbebens.

Beispiele für Stufen der Richter-Skala:

1·2	5	7	8
Kaum wahrnehmbar	Schäden entstehen	Wie bei einer Atombombenexplosion	Totale Verwüstung

Beispiele für Stufen der Mercalli-Skala:

II	V	VII	XII
Lampen schwingen, Fensterscheiben klirren	Geschirr zerbricht	Wände stürzen ein	Völlige Zerstörung

Erdbebenmeßinstrumente

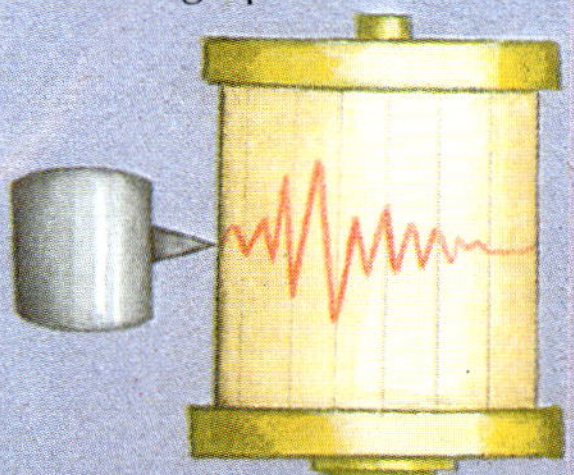

Seismograph

Sogenannte Seismographen sind Instrumente, die Erdbeben messen.

● Bei einem modernen Seismographen ist ein Stift an einer Halterung befestigt, der eine Linie auf eine Trommel zeichnet. Am Verlauf dieser Linie kann man die Stärke des Erdbebens ablesen.

● Der erste „Seismograph" entstand in China im Jahr 150 nach Christus. Er bestand aus einem Gefäß mit Drachenköpfen an der Seite, diese Drachen hatten Kugeln im Maul. Erzitterte die Erde, so fielen die Kugeln heraus und darunter sitzenden Fröschen ins Maul. Daran, auf welcher Seite die Kugeln herausfielen, konnte man erkennen, in welcher Richtung das Epizentrum des Bebens lag.

Fallender Ball

Erdbebenvorhersagen

Wissenschaftler beobachten erdbebengefährdete Gebiete sehr genau, um Erdstöße vorhersagen zu können. Überall auf der Welt gibt es **Meßstationen,** die Erdbewegungen messen. Warnzeichen für Erdbeben sind:

● Radon, ein radioaktives Gas, das aus dem Gestein entweicht. Um zu erkennen, wann dies der Fall ist, beobachten Wissenschaftler die Zusammensetzung von Quellwasser, sie können dann eventuelle Radonspuren darin frühzeitig erkennen.

● Leichte Erschütterungen, sogenannte Vorbeben. Sie setzen kurz vor dem eigentlichen Erdbeben ein. Im Boden staut sich der Druck, bevor er aufbricht.

● Seltsame Verhaltensweisen von Tieren. Sie haben ein feineres Gespür für leichte Erdstöße als wir Menschen.

Unglaublich, aber wahr

● Das längste, bekannte Erdbeben dauerte 38 Tage.

● Jedes Jahr gibt es tausende von Erdbeben, aber nur 20 bis 30 davon sind größer.

● 1975 wurde die Stadt Haicheng China zwei Stunden vor einem Erdbeben evakuiert, weil die Menschen bemerkt hatten, daß sich ihre Haustiere seltsam verhielten.

Berge und Täler

Die höchsten Berge der Erde: **Mount Everest (Himalaya): 8848 m**

Als Berge bezeichnet man Erhebungen von mindestens 600 m Höhe. Berge stehen meist nicht einzeln in der Landschaft, sondern bilden Berggruppen, sogenannte **Gebirgsketten** oder **Gebirgszüge**. Etwa ein Viertel der Erdoberfläche ist gebirgig.

Eine Gebirgskette

Die meisten Hochgebirge entstanden dadurch, daß zwei **Kontinentalplatten** aneinanderstießen und dabei langsam Gesteinsmaterial nach oben drückten. Der Vorgang der Gebirgsbildung erstreckte sich über viele Millionen Jahre, er dauert heute noch an.

Ein Gebirge wird hochgedrückt.

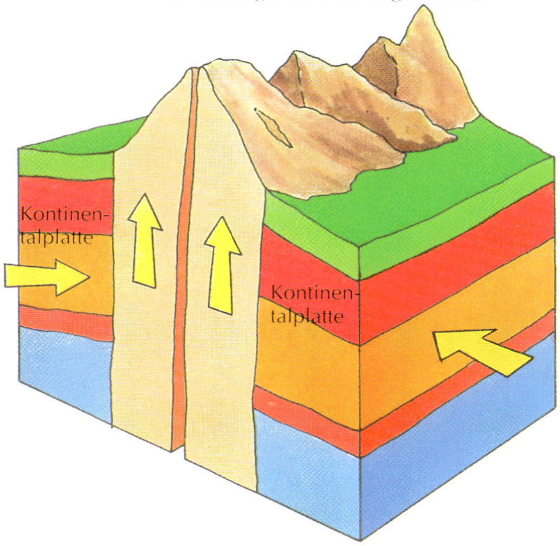

Gebirgstypen

Es gibt vier verschiedene Gebirgs- bzw. Bergtypen: **Faltengebirge, Bruchschollengebirge, Vulkane und Staukuppen.**

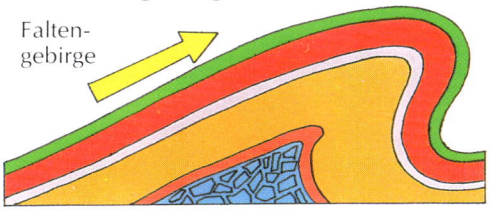

Faltengebirge

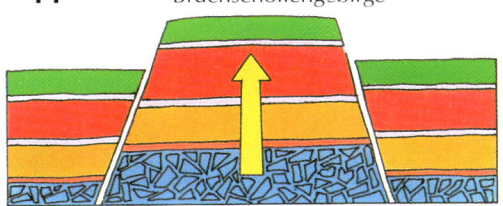

Bruchschollengebirge

- Ein Faltengebirge entsteht, wenn zwei Kontinentalplatten aneinanderstoßen. Das dazwischen liegende Gesteinsmaterial wird gefaltet und hochgedrückt.

- Ein Vulkan entsteht, wenn sich allmählich, um eine Eruptionsstelle herum, Lava und Asche zu einem Kegel ansammeln.

- Manchmal laufen zwei Verwerfungslinien (tiefe Risse im Gestein) parallel. Durch Druckeinwirkung von den Seiten wird der Block in der Mitte hochgedrückt.

- Staukuppen entstehen, wenn heißes, vulkanisches Material vom Erdinneren nach oben, aber nicht ganz bis an die Erdoberfläche dringt. Die darüber liegenden Gesteinsschichten werden dabei kuppelartig nach oben gewölbt.

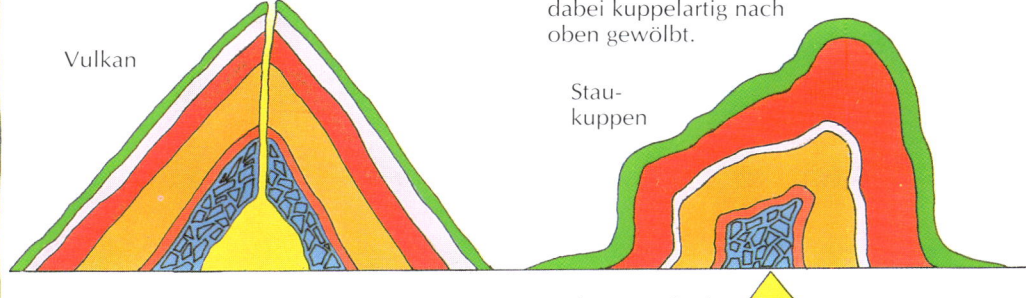

Vulkan

Staukuppen

Magma dringt nach oben.

Gebirge

Überall auf der Welt gibt es **Gebirge.** Auf der Karte unten sind die größten und höchsten eingezeichnet.

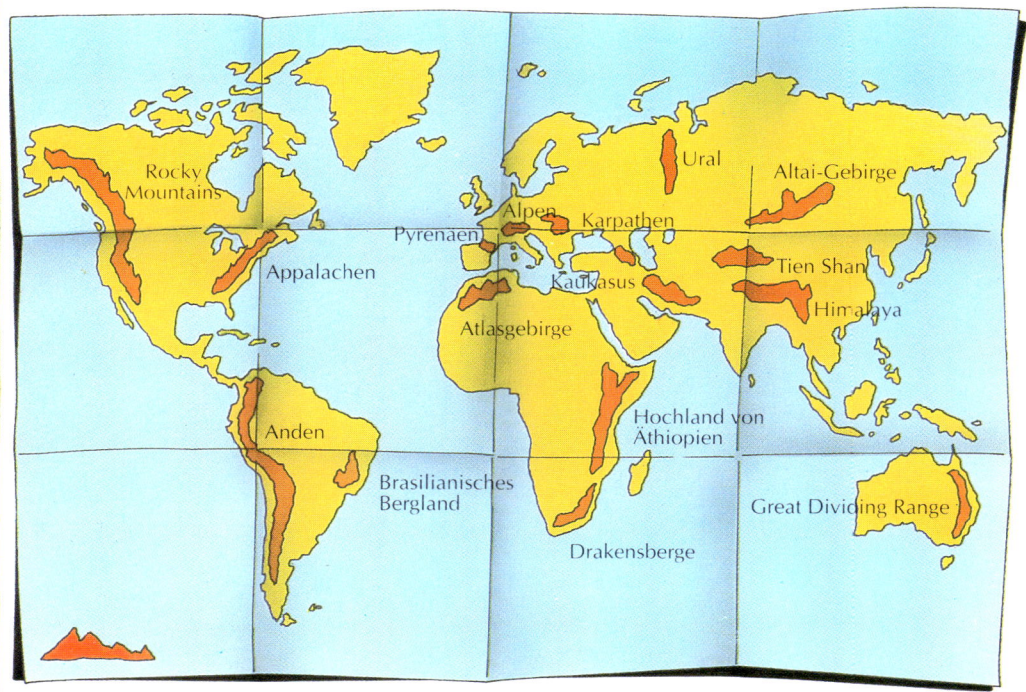

 K2 (Himalaya): 8 611 m
 Kangchenjunga (Himalaya): 8 586 m
 Makalu (Himalaya): 8 475 m
 Dhaulagiri (Himalaya): 8 172 m

Höhenstufen

Am Fuß eines Berges wächst meist **Laubwald** (Laubbäume werfen im Winter ihre Blätter ab). In warmen Regionen kann hier unten ein **Regenwald** sein.

Weiter oben wächst **Nadelwald** (diese Bäume verlieren ihre Nadeln auch im Winter nicht). Ab einer bestimmten Höhe, der **Baumgrenze,** wachsen keine Bäume mehr. Jenseits der Baumgrenze gedeihen nur noch widerstandsfähige Hochgebirgspflanzen, Gräser und Moose.

Noch weiter oben werden die Temperaturen so kalt, daß keine Pflanzen mehr wachsen können. Ganz hoch oben im Gebirge, jenseits der **Schneegrenze,** ist es noch kälter, so daß der Schnee auch im Sommer nicht abtaut, sondern das ganze Jahr liegen bleibt.

- Der Schnee bleibt das ganze Jahr über liegen.
- Schneegrenze
- Hier taut der Schnee im Sommer.
- Hochgebirgspflanzen, Gräser und Moose
- Nadelwald
- Laubwald (oder Regenwald in heißen Regionen)

Unglaublich, aber wahr

- Die Anden und der Himalaya wachsen auch heute noch weiter in die Höhe.
- Der niedrigste Hügel, der auch offiziell als solcher benannt wird, ist 4,5 m hoch und steht auf einem Golfplatz in Brunei.
- Der Mount Everest ist 20mal höher als das höchste Gebäude der Welt, der Sears Tower in Chicago.

Gletscher und Täler

Ein **Gletscher** ist eine riesige Eismasse, die sich talwärts bewegt. Ein Gletscher:

- Läßt U-Täler entstehen.
- Fließt sehr langsam.

Wenn im Sommer der Schnee auf den Bergen schmilzt, kann sich ein **Fluß** bilden. Ein Fluß:

- Schneidet V-Täler ein.
- Kann eine Schlucht entstehen lassen.

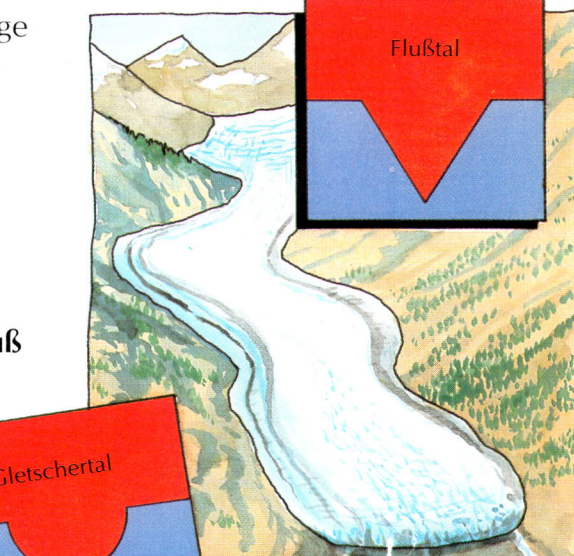

Flußtal

Gletschertal

Flüsse und Seen

Die vier längsten Flüsse der Welt:

Nil (Afrika): 6 695 km

Flüsse haben ihren Ursprung hoch oben in den Bergen, an **unterirdischen Quellen** oder dort, wo **Gletscher** abschmelzen. Sie bahnen sich dann ihren Weg zum Meer.

Einen Flußlauf kann man in drei Teile untergliedern. Der erste Teil heißt **Oberlauf**, das Flußbett hat hier ein starkes Gefälle, und das Wasser fließt schnell. Der Fluß führt Sand, Kies und Gesteinsbrocken mit sich.

Im **Mittellauf** ist das Gefälle geringer, und der Fluß fließt langsamer. Trotzdem spült er immer noch Sand und Geröll von seinen Ufern weg.

Im **Unterlauf** wird der Fluß langsam, träge und breiter. Jetzt führt er nur noch **Schlick** mit sich.

Ein Flußlauf

- Nebenflüsse fließen in den Hauptfluß.
- Die Stelle, an der ein Fluß seinen Ursprung hat, nennt man Quelle.
- Im Oberlauf kann ein Fluß kurzzeitig durch Engstellen und über flache Geröllstellen sehr schnell fließen. Diese Stellen nennt man Stromschnellen.

Das Leben im Fluß und an den Ufern

Je nachdem, wie schnell der Fluß fließt, leben hier andere Tiere:

- Im schnell fließenden Oberlauf leben vor allem robuste Fischarten und Pflanzen, die sich am Geröll festklammern.
- Im Mittel- und Unterlauf findet man eine Vielzahl verschiedener Fisch- und Pflanzenarten.
- An den dicht bewachsenen Ufern des Mittel- und Unterlaufs brüten viele Vögel.

Seen

Ein **See** ist eine größere Wasserfläche, die sich in einem Tal angestaut hat. Ein See kann durch Ansammlung von Regen- oder Schmelzwasser entstanden sein, oder er ist der Endpunkt eines unterirdischen Stromes.

- Seen können sehr groß sein. Der größte Süßwassersee der Welt ist der Obere See zwischen den USA und Kanada. Er umfaßt etwa 82 350 km².
- Es gibt auch sehr tiefe Seen. Der tiefste See der Erde ist der Baikalsee in Sibirien. An seinem tiefsten Punkt mißt er 1940 m.

| Amazonas (Südamerika): 6 570 km lang | Mississippi (Nordamerika): 6 020 km lang | Jangtsekiang (Asien): 5 530 km lang |

- An der Mündung gelangt der Fluß dann schließlich ins Meer. Den Bereich, in dem sich Süßwasser und Salzwasser vermischen, nennt man Mündungstrichter.
- Im Mittellauf fließt ein Fluß langsamer und bildet Flußschleifen, sogenannte Mäander.
- Wenn sich ein Fluß in ein Tal einschneidet, hinterläßt er manchmal Stufen an den Talhängen, diese nennt man Flußterrassen.
- Manchmal verändert ein Mäander seinen Lauf und läßt dann einen kleinen See zurück. Solche Seen heißen Altwasser.

Mäander — Altwasser — Mündungstrichter — Mündung

Deltas

An seiner Mündung ins Meer fließt ein Fluß nur noch sehr langsam und befördert manchmal eine große Menge Schlamm und Schlick, die er dann dort ablädt. So entsteht ein **Delta**.

- Ganges und Brahmaputra fließen in Indien und Bangladesh zusammen und bilden dort das größte Delta der Welt. Es ist 480 km lang und 160 km breit.

Delta

Wasserfälle

Wasserfälle entstehen, wenn ein Fluß über hartes Gestein fließt. Der Fluß kann sich dann nur sehr langsam einschneiden, während er das weiche Gestein weiter unten schneller abträgt. Dadurch entsteht eine Steilstufe.

- Der höchste Wasserfall der Welt ist der Salto-Angel-Wasserfall in Venezuela. Das Wasser stürzt hier über eine 897 m hohe Klippe.

Unglaublich, aber wahr

- Unter dem Nil fließt ein unterirdischer Fluß, der sechsmal so viel Wasser führt, wie der Nil.
- Der Bosumtwi-See in Ghana hat sich in einem Meteoritenkrater angesammelt.
- Der Beaver Lake im Yellowstone Park (USA) ist durch Biberdämme entstanden.
- Der kürzeste Fluß der Welt ist der Roe in Montana (USA): Er ist nur 61 m lang.

Ozeane

Die vier größten Ozeane der Erde:

Pazifik: 166 241 000 km²

Es gibt vier Weltmeere, den **Pazifik**, den **Atlantik**, den **Indischen Ozean** und das **Nordpolarmeer**. Die Ozeane sind miteinander verbunden und bilden eine riesige Wasserfläche.

Zum Teil sind die Ozeane in kleinere Bereiche untergliedert, man nennt diese **Meere**. Sie befinden sich meist um Küsten und Inseln.

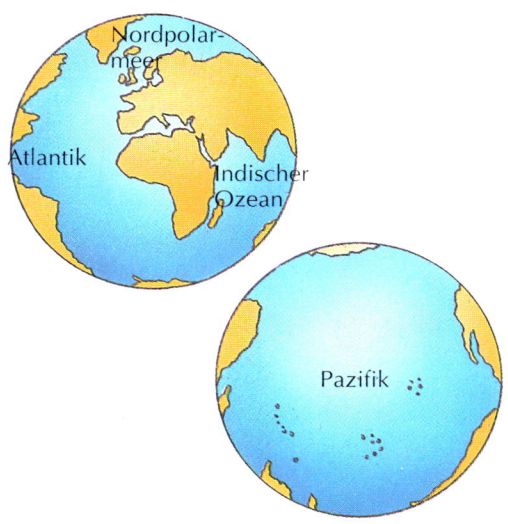

Die **Temperatur** des Meerwassers kann sehr unterschiedlich sein. Ein Großteil des Nordpolarmeers ist ständig gefroren, in den Tropen dagegen erreicht das Meerwasser Badewannentemperatur.

Querschnitt durch ein Weltmeer

Könnte man unter den Meeresspiegel sehen, würde man dies sehen:

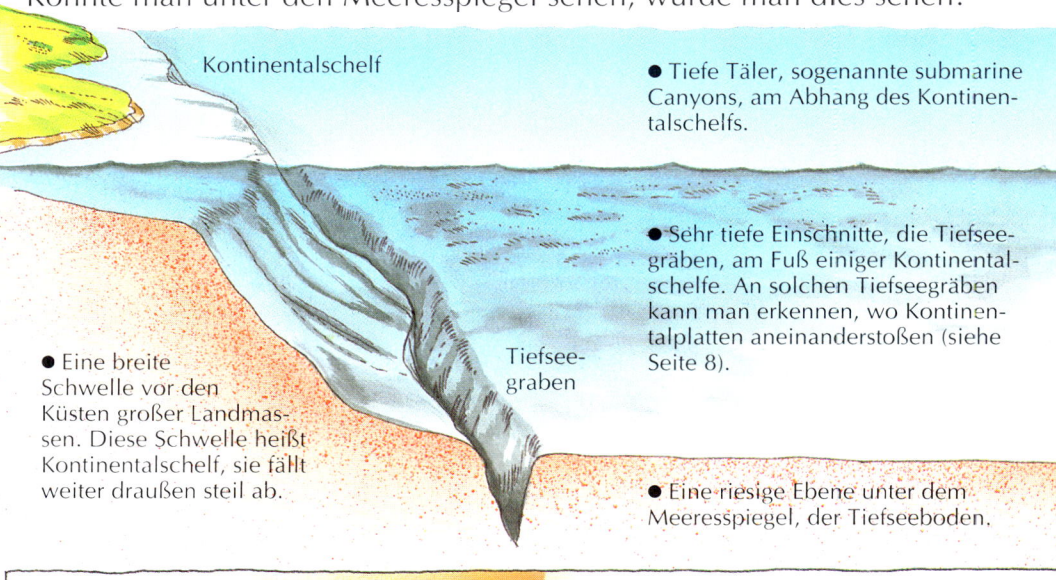

- Tiefe Täler, sogenannte submarine Canyons, am Abhang des Kontinentalschelfs.
- Sehr tiefe Einschnitte, die Tiefseegräben, am Fuß einiger Kontinentalschelfe. An solchen Tiefseegräben kann man erkennen, wo Kontinentalplatten aneinanderstoßen (siehe Seite 8).
- Eine breite Schwelle vor den Küsten großer Landmassen. Diese Schwelle heißt Kontinentalschelf, sie fällt weiter draußen steil ab.
- Eine riesige Ebene unter dem Meeresspiegel, der Tiefseeboden.

Die Gezeiten

Die **Anziehungskraft des Mondes** wirkt auf die Erde und die Ozeane. So entstehen zwei Flutberge, einer auf der dem Mond zugewandten Seite, der andere auf der gegenüberliegenden. Der Mond zieht diese mit sich, während er die Erde umkreist. So entstehen die **Gezeiten, Ebbe** und **Flut**.

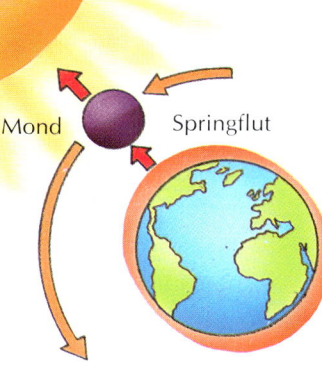

- Zweimal im Monat stehen Sonne und Mond, von der Erde aus gesehen, auf einer Linie. Dann wirkt ihrer beider Anziehungskraft zusammen, und es kommt zu Springtiden oder Springflut (stärker als die normale Flut).

Korallenriffe

Korallenriffe finden sich in warmen, flachen Meeren. Sie entstehen durch winzige Tierchen, den **Polypen.** Jeder Polyp baut sich eine Kalkschale, in der er lebt. Stirbt er, bleibt die Schale zurück, worauf neue Polypen ihre eigenen Schalen bauen. So wächst ein Riff.

- Vor den Küsten von Kontinenten oder Inseln wachsen Küsten- oder Saumriffe.
- Barriere- oder Wallriffe wachsen einige Kilometer vor der Küste. Das größte solche Riff ist das Große Barrier-Riff vor Australien.
- Ein Atoll ist ein unterbrochener Ring von Koralleninseln mit Wasser (einer Lagune) in der Mitte.

Atlantik:	Indischer Ozean:	Nordpolarmeer:
82 217 000 km²	73 481 000 km²	14 056 000 km²

● Eine Vulkankette, der sogenannte ozeanische Rücken, etwa in der Mitte des Ozeans.

Mittelozeanischer Rücken

Tiefseeboden

● An manchen Stellen gibt es alte Vulkane in den Ozeanen. Diese Vulkane heißen submarine Berge oder Tiefseeberge.

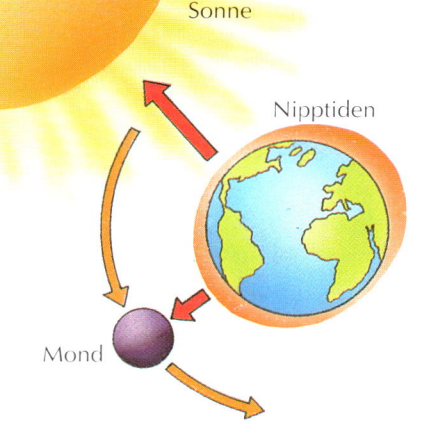

Sonne

Nipptiden

Mond

● Stehen Mond und Sonne von der Erde aus gesehen im rechten Winkel, dann heben sich ihre Anziehungskräfte gegenseitig stark auf, und der Tidenhub (Wasserstand-Differenz zwischen Ebbe und Flut) ist sehr gering.

Strömungen

Das Wasser der Ozeane fließt um die Welt in festgelegten Pfaden, den **Strömungen.** Winde und warmes Wasser, das vom Äquator wegströmt sowie kaltes Wasser, das zum Äquator fließt, verursachen Strömungen.

● Die größte Strömung der Welt ist die West-Wind-Strömung zwischen Amerika und der Antarktis.

Die Reichtümer des Meeres

● Im Meer können Austern, Seetang und Fische gezüchtet werden. Wissenschaftlern ist es gelungen, künstliche „Farmen" an Riffen anzulegen, dort werden Hummer und Muscheln gezüchtet.

● Eines Tages könnte es möglich werden, Städte unter dem Meer für Menschen anzusiedeln, die solche Seefarmen bewirtschaften. Es gibt auch schon Experimente mit Prototypen von Unterwasserhäusern.

● Auf dem Meeresboden finden sich Millionen besonderer Gesteinsbrocken, sogenannter Manganknollen. Mangan wird Stahl beigemischt, um diesen hart zu machen.

Unglaublich ...

● Vor der Küste Floridas gibt es ein Unterwasserhotel. Die Gäste müssen zum Eingang hinuntertauchen.

● In einer Million Tonnen Meerwasser findet man im Durchschnitt vier Gramm Gold.

● Die höchste von einem Sturm verursachte Flutwelle war 34 Meter hoch.

● Der größte Eisberg, der jemals gesichtet wurde, ragte mit einer Fläche größer als die von Belgien aus dem Wasser heraus.

Küsten

Einige besonders schöne Muscheln: **Thatcheria mirabilis, Japan** **Lambis chiragra, Sri Lanka**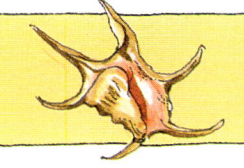

Als **Küste** bezeichnet man den schmalen Grenzsaum zwischen Festland und Meer. Küsten unterscheiden sich nach ihrer Form, aber auch nach anderen Merkmalen. Eine Küstenlinie kann zum Beispiel aus sanft abfallenden **Stränden** oder aus felsigen **Klippen** mit **Höhlen** bestehen.

Küstenformen

Küstenlinien verändern sich ständig, denn die Wellen tragen die Klippen ab. So entstehen **Brandungshöhlen** und **Brandungstore**.

● Meerwasser dringt in Risse in den Klippen ein und höhlt dort allmählich eine Grotte aus.

● Manchmal greifen die Wellen Klippen von beiden Seiten her an; so werden Brandungstore (Felsbögen) herausgewaschen.

● Früher oder später stürzen solche Brandungstore ein, und es bleiben sogenannte Brandungspfeiler zurück.

● Manchmal vergrößern die Wellen Brandungshöhlen so stark nach oben, daß Löcher im Höhlendach entstehen, durch die die Gischt hochspritzt.

Strände

An manchen Stellen trägt das Meer Steine und Felsen der Küstenlinie ab, an anderen Stellen lagert es dieses lose Gesteinsmaterial, das die Wellen inzwischen mehr oder minder fein gemahlen haben, wieder an. So entstehen **Strände**.

● Die Strände der Hawaii-Inseln sind schwarz, denn der Sand dort ist kleingemahlene vulkanische Lava.

● Die Strände der Bermuda-Inseln sind hellrosa, denn der Sand dort besteht aus feingemahlenen roten Muscheln.

● Die strahlend weißen Sandstrände der Insel Barbados bestehen aus vom Meer kleingemahlenen weißen Muscheln.

● An einem Strandabschnitt an der Küste von Namibia befindet sich die weltgrößte Lagerstätte loser Diamanten. Diese liegen zwischen Sand und Geröll versteckt.

Unglaublich …

● Der Schlammspringer ist ein Fisch, der in Mangrovenwäldern die Bäume hinaufklettern kann.

● Der Meeresspiegel hebt sich in 100 Jahren um etwa 30 cm.

● Venedig (Italien) ist auf 118 Inselchen im Meer gebaut; diese sind durch 400 Brücken miteinander verbunden. Venedig versinkt heute langsam im Meer.

 **Guildfordia yoka, Japan**

Cittarium pica, Westindien

 **Conus textile, Indo-Pazifischer Raum**

Marschland

● Dort, wo ein Fluß ins Meer mündet, kann eine sumpfige Ebene, eine sogenannte Flußmarsch, entstehen. Das Meer überschwemmt diese Ebene immer wieder; so entstehen Schlammbänke, Abflußkanäle und Salzmarschen. Viele Seevögel brüten hier.

● In den Tropen wachsen in den Küstenmarschen häufig Mangrovenwälder. Mangroven sind Bäume, die im Salzwasser überleben können, weil ihre Wurzeln teilweise über der Erde liegen und damit aus der Luft Sauerstoff aufnehmen können.

● Klippen bestehen oft aus verschiedenen Gesteinsschichten. Diese Schichten kann man deutlich als breite Querbänder erkennen.

Das Leben an der Küste

Strände sind die Heimat vieler verschiedener **Tiere** und **Pflanzen**.

● Seetang ist eine Pflanze, die weder Wurzeln noch einen Stamm hat. Tang besteht vielmehr aus blattähnlichen Wedeln und wurzelähnlichen „Haltevorrichtungen", mit denen sich die Pflanze an Steinen auf dem Meeresboden festhält.

Napfschnecke

● Napfschnecken können sich mit ihrem saugnapfähnlichen Fuß fest an einen Stein klammern.

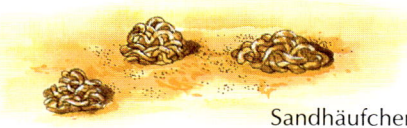
Sandhäufchen

● Pierwürmer werfen kleine Häufchen nassen Sandes auf. Die Würmer schlucken Sand und ernähren sich von winzigen Nahrungspartikelchen darin. Den unverdaulichen Sand scheiden sie wieder aus, und diesen sieht man als Häufchen an der Oberfläche.

● In den Dünen, die der Wind am Strand zusammenbläst, wachsen Strandhafer und andere salzverträgliche Pflanzen.

● Wenn man eine Blase im nassen Sand findet, liegt vielleicht eine Herzmuschel darunter, denn diese Muscheln vergraben sich im Sand. Mit einem Sipho (Atemröhre) saugen sie Seewasser und darin enthaltene Nahrungspartikelchen an. Durch einen anderen Sipho scheiden sie Unverwertbares wieder aus; so entsteht die Blase, die man auf dem Sand sehen kann.

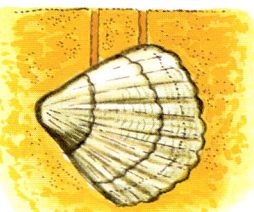
Herzmuschel

Strandhafer

Der Himmel

Die Windstärke wird nach der Beaufort-Skala gemessen, sie reicht von Windstärke 1 bis 12. Einige Beispiele:

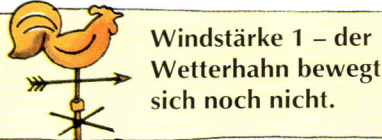

Windstärke 1 – der Wetterhahn bewegt sich noch nicht.

Die Erde ist von einer Gasschicht, **der Atmosphäre,** umgeben. Diese besteht aus fünf Hauptschichten. In jeder Schicht herrschen andere **Temperaturverhältnisse** und **Gaszusammensetzungen.**

Die Grenzen zwischen diesen Luftschichten sind nicht klar voneinander getrennt, sondern gehen ineinander über.

Die Luft
Die Atmosphäre besteht aus:

78,09% Stickstoff

20,95% Sauerstoff

0,93% Argon

0,03% Kohlendioxid, Helium, Wasserstoff, Methan, Krypton, Neon, Ozon, Xenon und Wasserdampf

Die Farben des Himmels

Das **Sonnenlicht** setzt sich aus verschiedenen **Wellenlängen** zusammen. Die sichtbaren Wellenlängen ergeben die Farben Rot, Orange, Gelb, Grün, Blau, Indigo und Violett, das sogenannte **Farbspektrum,** das man auch im Regenbogen sehen kann, oder wenn man Licht durch ein speziell geformtes Stück Glas, ein Prisma, fallen läßt. Die unterschiedlichen Wellenlängen verursachen, daß:

● Der Himmel blau ist. Wenn die Sonnenstrahlen auf die Erdatmosphäre treffen, werden die blauen Wellen in alle Richtungen gestreut, am wolkenlosen Himmel sind sie dann sichtbar.

● Sonnenaufgänge und Sonnenuntergänge rot sind. Staub filtert in der Atmosphäre die blauen Wellenlängen aus, so daß nur noch die roten Lichtwellen die Erdoberfläche erreichen. Solcher Staub sammelt sich vor allem am Morgen und am Abend in der Atmosphäre an.

Der Luftdruck

Die Gasschichten, die die Erde umgeben, üben Druck auf die Erdoberfläche aus. Diesen Druck nennt man **Luftdruck.** An der Erdoberfläche ist er am stärksten, nach oben hin nimmt er ab.

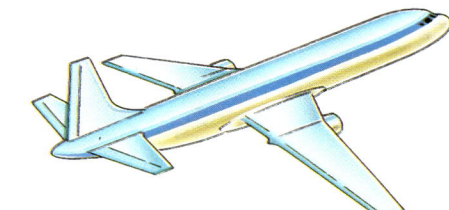

● Hoch oben auf den Bergen ist der Luftdruck niedrig, und die Luft ist sauerstoffärmer als weiter unten.

● In Flugzeugen sorgt man künstlich für einen Luftdruck, der den Werten am Erdboden entspricht, damit die Passagiere auch so hoch oben in der Atmosphäre noch ganz normal atmen können.

Niedriger Luftdruck

Hoher Luftdruck

Unglaublich ...

● Die ersten Heißluftballons waren so schwer, daß die Passagiere ihre Kleider ausziehen mußten, um Gewicht zu sparen.

● Die alten Ägypter verehrten eine Himmelsgöttin, die Nut hieß.

● Der stürmischste Ort der Welt ist die Commonwealth Bay (Antarktis).

● 1934 wurde auf dem Mount Washington (USA) ein Windstoß gemessen, der dreimal so stark war wie Windstärke 12 auf der Beaufort-Skala.

Windstärke 6 – starke Brise, auch kräftige Äste der Bäume bewegen sich.  Windstärke 9 – starke Böen, Schornsteinteile werden abgerissen.  Windstärke 12 – Hurrikan, flächenhafte Zerstörung

Der Wind

Wind ist bewegte Luft. Wenn Sonnenstrahlen auf die Erdoberfläche treffen, werden sie reflektiert und erwärmen dabei die darüberliegenden Luftschichten. **Warme Luft** ist leicht und steigt auf. **Kalte Luft** ist schwerer, sinkt ab und ersetzt dabei die warme, aufgestiegene Luft.

● Manche Winde wehen konstant, immer in derselben Richtung. Diese Winde entstehen dadurch, daß warme Luft am Äquator aufsteigt und durch kalte, von den Polen nachfließende Luft ersetzt wird.

● Ein warmer, aufsteigender Luftstrom wird Aufwind genannt. Manche Vögel nutzen den Aufwind, sie breiten einfach ihre Flügel aus und lassen sich von ihm tragen. Segelflieger nutzen dasselbe Prinzip.

● Anemometer messen die Windstärke. Der bekannteste Windmessertyp besteht aus drei Schalen auf einer Halterung. Je heftiger der Wind bläst, desto schneller drehen sich die Schalen, und diese Drehgeschwindigkeit wird aufgezeichnet.

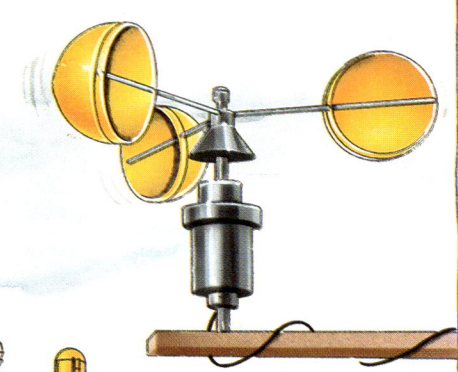

Die Atmosphäre

Die Atmosphäre besteht aus folgenden Stockwerken:

● Die Exosphäre (500 bis 8 000 km Höhe). Hier ist es sehr heiß (2 200°C und mehr).

Wettersatelliten umkreisen die Erde in der Exosphäre.

● Die Ionosphäre (80 bis 500 km Höhe). Die Temperatur in dieser Sphäre nimmt nach oben hin stetig zu, an der Obergrenze der Ionosphäre beträgt sie 2 200°C.

Wenn Raumschiffe wieder in die Erdatmosphäre eintreten, verbrennt die Reibungshitze in dieser Höhe ihr Hitzeschild.

● Die Mesosphäre (50 bis 80 km Höhe). In dieser Sphäre nimmt die Temperatur nach oben hin ab (Temperaturen in dieser Sphäre: +10°C bis -80°C).

Von unbemannten Messballons wurden die Temperaturen in der Mesosphäre gemessen.

● Die Stratosphäre (8 bis 50 km Höhe, die Untergrenze ist allerdings in verschiedenen Regionen unterschiedlich). In dieser Sphäre ist es kalt, die Temperatur steigt aber nach oben hin an. Hier befindet sich auch die Ozonschicht, die die gefährliche UV-Strahlung aus dem Sonnenlicht herausfiltert.

Flugzeuge fliegen in dieser Höhe, um von Wettereinflüssen unabhängig zu sein.

● Die Troposphäre reicht über dem Äquator bis zu einer Höhe von 16 km, in den Polen aber nur bis zu einer Höhe von 8 km. In dieser Schicht befinden sich fast der gesamte Wassergehalt sowie die meisten Gase der Atmosphäre. Mit zunehmender Höhe nimmt die Temperatur hier ab.

In der Troposphäre spielt sich das Wettergeschehen ab.

Das Wetter

Einige interessante Informationen zum Wetter:

Der regenreichste Ort: Kauai (Hawaii); es regnet an 350 Tagen im Jahr.

Wenn Wasser stark erwärmt wird, **verdunstet** es, das heißt, es wird zu einem unsichtbaren Gas, dem **Wasserdampf.** Wenn Wasserdampf abkühlt, dann bilden sich wieder Flüssigkeitströpfchen. Wenn Wasserdampf sehr stark abkühlt, bilden sich kleine **Eiskristalle,** die Schneeflocken.

Verschiedene Schneekristalle

Der Kreislauf des Wassers

Die Sonne erwärmt Ozeane und Flüsse, dabei verdunstet Wasser, und Wasserdampf steigt auf. Wenn der Wasserdampf in höhere Luftschichten kommt, kühlt er ab, und um kleine Salz- und Staubpartikel in der Luft bilden sich Wassertröpfchen. Milliarden solcher Tröpfchen zusammen bilden eine Wolke. Die Tröpfchen werden größer und schließlich so schwer, daß sie als Regen zurück auf die Erde und in die Flüsse und Ozeane fallen.

Unglaublich, aber wahr

- Manche Leute behaupten, sie könnten Regen riechen. Tatsächlich riechen sie Gase, die im feuchten Boden entstehen.

- Italienische Bauern schießen Feuerwerkskörper in die Wolken, um Hagelkörner zu zerschlagen.

- Früher glaubten die Menschen, Nebel auf dem Meer sei der Atem eines Meerungeheuers.

- Am Nordpol und am Südpol schmilzt der Schnee nie.

Verschiedene Wettertypen

Durch Wasserdampf in der Luft entsteht nicht nur Regen, sondern auch:

- Schnee, wenn es sehr kalt ist. Dann gefrieren die Wassertröpfchen in der Luft und fallen als Schneekristalle auf die Erde.

- Nebel, wenn der Boden kalt, die Luft darüber aber wärmer ist. Aus dem Wasserdampf wird dann eine Wolke aus vielen Wassertröpfchen.

- Hagel. Dabei entstehen Eisklumpen in hohen Wolken. Sie werden in der Wolke hin- und hergewirbelt und immer größer, denn immer mehr Wassertröpfchen frieren an ihnen fest. Schließlich werden die Hagelkörner so schwer, daß sie herunterfallen.

Das schwerste Hagelkorn: 1986 in Bangladesh; es wog 1,02 kg.

Der trockenste Ort: Die Atacama Wüste in Chile

Der heftigste Regenschauer: 1970 in Guadaloup; es fielen 38,1 mm Regen in 1,5 min.

Luftmassen

Eine **Luftmasse** entsteht, wenn sich die Luft über einem größeren Gebiet eine Zeit lang nicht bewegt. Die Luftmasse erwärmt sich oder kühlt ab, je nachdem, ob das Land oder das Meer darunter warm oder kalt ist. Wenn sich eine solche Luftmasse bewegt, verursacht sie eine Wetteränderung.

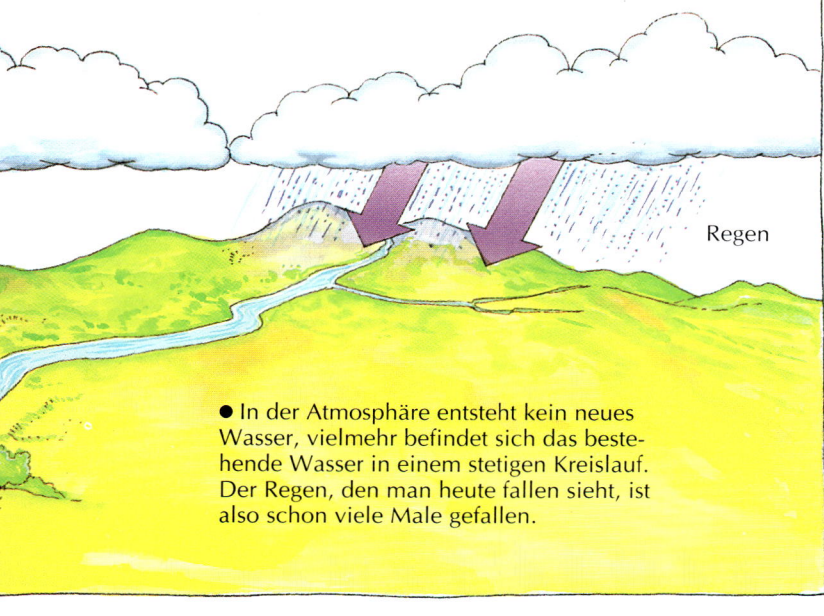

- In der Atmosphäre entsteht kein neues Wasser, vielmehr befindet sich das bestehende Wasser in einem stetigen Kreislauf. Der Regen, den man heute fallen sieht, ist also schon viele Male gefallen.

- Regenbogen: Sie entstehen an Regentagen, an denen auch die Sonne scheint. Man kann einen Regenbogen nur sehen, wenn man mit dem Rücken zur Sonne steht. Ein Regenbogen kommt zustande, wenn die Sonne auf die Regentröpfchen in der Luft scheint, dabei wird das Licht in die sieben Farben des Farbspektrum gestreut (siehe Seite 24).

- Tau entsteht, wenn sich die Luft über Nacht abkühlt und der Wasserdampf am Boden zu Tautröpfchen kondensiert. Am Morgen, wenn sich die Luft aufwärmt, verdunstet der Tau.

Wolken

Es gibt zehn verschiedene **Wolkentypen.** Jeder hat eine ganz charakteristische Form und verrät, welches Wetter zu erwarten ist.

- Cumulus-Wolken sehen aus wie weiße Zuckerwatte und sind Schönwetterwolken.

- Cirren sind federartige Wölkchen. Sie können die ersten Vorboten von Regen sein.

- Cirrostratus-Wolken bilden einen zarten, milchigen Schleier vor der Sonne. Sie können Regen oder Schnee ankündigen.

- Stratocumulus-Wolken sehen aus wie unregelmäßige, größere weiße Fetzen am Himmel. Sie kündigen meist trockenes Wetter an.

- Cirrocumulus-Wolken sehen aus wie kleine Wellen am Himmel. Sie kündigen baldige Wetteränderung an.

- Altostratus-Wolken sind ungleichmäßige, zum Teil dünne Schichtwolken, die zu Regenwolken anwachsen können.

- Stratuswolken liegen als dichte Wolkenschicht tief über dem Land. Sie bringen Regen oder Schnee.

- Cumulonimbus-Wolken sind hochreichende Haufenwolken und typische Gewitterwolken.

- Nimbostratus-Wolken sind dunkel und hängen tief. Sie kündigen Regen oder Schnee an.

- Altocumulus-Wolken (Schäfchenwolken) sind klein und flockig und kündigen Wetteränderungen an.

Unwetter

Bei Gewittern immer daran denken:  Suche nie unter einem Baum Schutz.

Manchmal ist das Wetter sehr wild und ungestüm. Jeden Tag gibt es auf der ganzen Welt 45 000 **Gewitter;** die meisten davon könnten genauso viel Energie freisetzen wie eine Atombombenexplosion.

In manchen Regionen der Welt gibt es regelmäßig **Hurrikanes** und **Tornados.**

Gewitter

Gewitter treten auf, wenn die Luft warm und feucht ist, sehr schnell aufsteigt und sich dabei hoch auftürmende **Cumulonimbus-Wolken** bilden. In diesen Wolken wirbeln Eiskristalle und Wassertröpfchen durcheinander; wenn sie zusammenstoßen, kommt es zu kleinen **elektrischen Entladungen.** Diese Entladungen bauen sich langsam auf, und riesige Funken springen von Wolke zu Wolke über, oder Blitze fahren auf den Erdboden herab.

- Der Blitz sucht sich immer den kürzesten Weg zum Erdboden, deswegen trifft er auch hohe Bäume oder Gebäude zuerst. Gebäude werden durch Blitzableiter aus Kupfer geschützt, die die elektrische Ladung sicher zum Boden ableiten.

- Man kann die Entfernung eines Gewitters bestimmen, indem man die Sekunden zwischen Blitz und Donner zählt. Drei Sekunden entsprechen dabei immer einem Kilometer.

- Tatsächlich fährt der Blitz nicht nur auf den Boden herunter, sondern von dort wieder zurück in die Wolken. Dies geschieht aber so schnell, daß man nur ein einziges Aufblitzen erkennen kann.

- Der Blitz heizt auf dem Weg, den er zurücklegt, die umgebende Luft auf. Dabei dehnt sich die Luft sehr schnell aus, und dies verursacht das grollende Geräusch des Donners. Blitz und Donner treten gleichzeitig auf, den Donner hört man aber später, weil der Schall langsamer ist als das Licht.

Unglaublich ...

- Cumulonimbus-Wolken können bis zu 15 km hoch werden, das ist doppelt so hoch wie der Mount Everest. 
- Die alten Chinesen glaubten, daß bei Gewittern Drachen am Himmel miteinander kämpften. 
- 1946 legte ein Tornado ein Goldversteck frei, und es regnete Münzen auf eine russische Stadt. 
- Der Amerikaner Roy Sullivan ist schon siebenmal vom Blitz getroffen worden.

- Wetterleuchten ist ein kurzes Aufleuchten des Himmels. Blitze, die nicht die sonst für Blitze typische verästelte Form haben, entstehen durch elektrische Entladungen in einer Wolke.

 **Wenn du in einem Auto bist, nicht aussteigen. Drinnen bist du sicher.**    **Im Freien: Kauere dich zusammen oder bring dich schnell in Sicherheit.**   **Im Haus bist du sicher.**

Tornados

Tornados treten vor allem in den Great Plains von Nordamerika auf, und zwar wenn kleine Luftmassenpakete schnell aufsteigen und sich dabei hoch auftürmende, schnelldrehende Windschlote bilden, die dann über das Land hinwegziehen. Dabei saugen sie alles, was sich ihnen in den Weg stellt, an und wirbeln es in die Luft.

- In Nordamerika gibt es jedes Jahr etwa 640 Tornados, die meisten davon in den Staaten Texas, Oklahoma, Kansas und Nebraska. In diesen Regionen haben die Leute in der Regel Schutzräume in ihren Häusern, dort suchen sie Schutz, wenn ein Tornado über sie hinwegbraust.

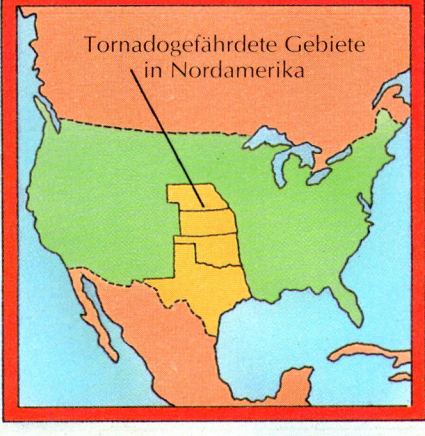

Tornadogefährdete Gebiete in Nordamerika

- Tornados können eine Drehgeschwindigkeit von bis zu 640 km/h erreichen. Damit können sie sogar Züge hochheben.

- Über dem Meer wirbeln Tornados Wasserfontänen auf. Wenn ein solcher Tornado das Festland erreicht, fällt das Wasser über dem Land herunter, dann kann es vorkommen, daß es Fische und Krabben regnet.

Hurrikanes

Hurrikanes sind gewaltige tropische Stürme, die vor allem im Spätsommer oder Frühherbst auftreten. Sie haben ihren Ursprung über warmen, äquatornahen Meeren, dort steigt warme Luft über einem großen Gebiet auf und bildet riesige, wasserdampfgesättigte Wolkensäulen.

Kalte Luft strömt am Boden nach, und so entsteht ein riesiger Wolkenwirbel, der sich über das Meer wegbewegt.

- Hurrikanes lassen tausende Tonnen Regen fallen und verursachen Winde von bis zu 320 km/h. Wenn sie auf Land treffen, können sie großen Schaden anrichten.

- Hurrikanes haben Eigennamen. Der erste in jedem Jahr bekommt einen Namen mit A, der zweite einen mit B und so weiter.

- Ein Hurrikan kann über viele Kilometer reichen, in seiner Mitte herrscht immer Windstille; diese wird als „Auge des Hurrikanes" bezeichnet und hat in der Regel einen Durchmesser von etwa 48 km.

- Hurrikanes nennt man auch Taifune oder tropische Zyklonen; in manchen Gegenden Australiens werden sie „willy willies" genannt.

Klima und Jahreszeiten

Einige Orte und Regionen mit extremen Klimaten:

Wostok, Antarktis: Der kälteste Ort der Erde

Als **Klima** bezeichnet man das Wetter, das eine Region über das Jahr hinweg typischerweise hat. Auf der Erde herrschen sehr unterschiedliche Klimate. Zum Beispiel gibt es Orte, an denen es immer sehr warm oder sehr kalt ist, während in anderen Regionen die Temperaturen jahreszeitlich sehr stark schwanken. Frühling, Sommer, Herbst und

Winter beginnen an unterschiedlichen Orten zu verschiedenen Zeiten. Welches Wetter während dieser **Jahreszeiten** herrscht, ist in einzelnen Regionen sehr verschieden. Zum Beispiel liegen die Temperaturen auch während des antarktischen Sommers unter dem Gefrierpunkt, während in Südeuropa die Sonne das ganze Jahr über Wärme spendet.

Heiße und kalte Regionen

Die **Sonnenstrahlen** fallen gerade auf die Erde. Da die Erde aber rund ist, verteilt sich die Sonneneinstrahlung an den Polen weiter als am Äquator. Dadurch wird die Erde an den Polen weniger aufgeheizt. Je weiter man also vom Äquator entfernt ist, desto kälter ist das Klima.

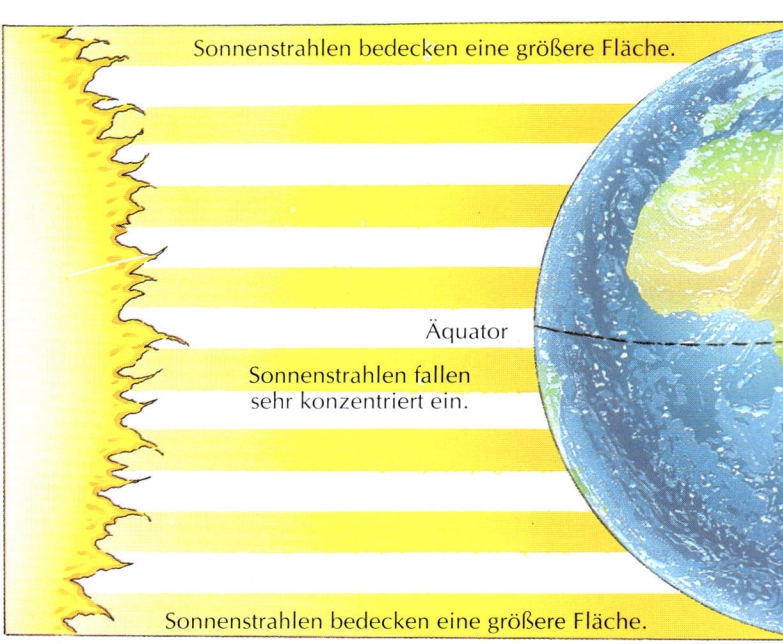

Sonnenstrahlen bedecken eine größere Fläche.

Äquator

Sonnenstrahlen fallen sehr konzentriert ein.

Sonnenstrahlen bedecken eine größere Fläche.

Klimafaktoren

Meeresströmungen, Entfernung vom Meer, Windrichtung und **Gebirge** sind Faktoren, die das Klima eines Ortes beeinflussen.

● Orte in Meeresnähe haben ein „maritimes" Klima. Die Lufttemperatur ist das ganze Jahr über ziemlich ausgeglichen, denn sie wird von der Temperatur des Wassers mitbestimmt, die immer relativ gleichbleibend ist.

● Orte, die weit vom Meer entfernt liegen, haben ein „kontinentales" Klima. Das Land heizt sich schnell auf, kühlt aber auch genauso schnell wieder ab, und so gibt es große Temperaturunterschiede zwischen Sommer und Winter.

● Große Städte haben ein wärmeres Klima als das umgebende Land. Betongebäude speichern die Sonnenwärme während des Tages und geben sie in der Nacht wieder ab, dadurch ist die Stadt wärmer als das umgebende Land.

● Das Klima kann kleinräumig sehr stark variieren. Zum Beispiel kann ein Garten eine kühle, schattige und daneben eine warme, sonnige Ecke haben. Variationen auf so engem Raum nennt man „Mikroklima".

Dallol, Äthiopien. Der heißeste Ort der Erde; Durchschnittstemperatur: 34,4 °C

Sahara: Die Region mit der höchsten Sonneneinstrahlung

Sibirien: Größte Temperaturschwankungen (-70 °C bis + 36,7 °C)

Klimazonen

Man unterscheidet auf der Welt verschiedene **Klimatypen:**

- **Polares Klima:** Ganzjährig kalt, Land und Meer liegen unter dicken Eisdecken.

- **Gemäßigtes Klima:** Sehr wechselhaftes Klima, mit warmen, trockenen Sommern und milden Wintern.

- **Subtropisches Klima:** Ganzjährig warm, trockene und feuchte Jahreszeiten wechseln sich ab.

- **Tropisches Klima:** Beständig heiße Temperaturen, täglich Regen, keine jahreszeitlichen Schwankungen.

(Weltkarte mit Klimazonen: 65° N Polar, Gemäßigt, 30° N, 15° N Subtropisch, Äquator Tropisch, 15° S Tropisch, 30° S Subtropisch, Gemäßigt, 65° S Polar)

Jahreszeiten

Die **Jahreszeiten** sind darauf zurückzuführen, daß die Erde um die Sonne kreist. Einige Monate ist eine Erdhalbkugel der Sonne zugewandt, dann trifft sie starke Sonneneinstrahlung (Sommer). Die andere Erdhalbkugel ist der Sonne abgewandt, Sonnenstrahlen sind dort sehr schwach (Winter). In den übrigen Monaten ist die Situation umgekehrt. Im Herbst und Frühling nehmen beide Erdhalbkugeln eine Mittelposition ein.

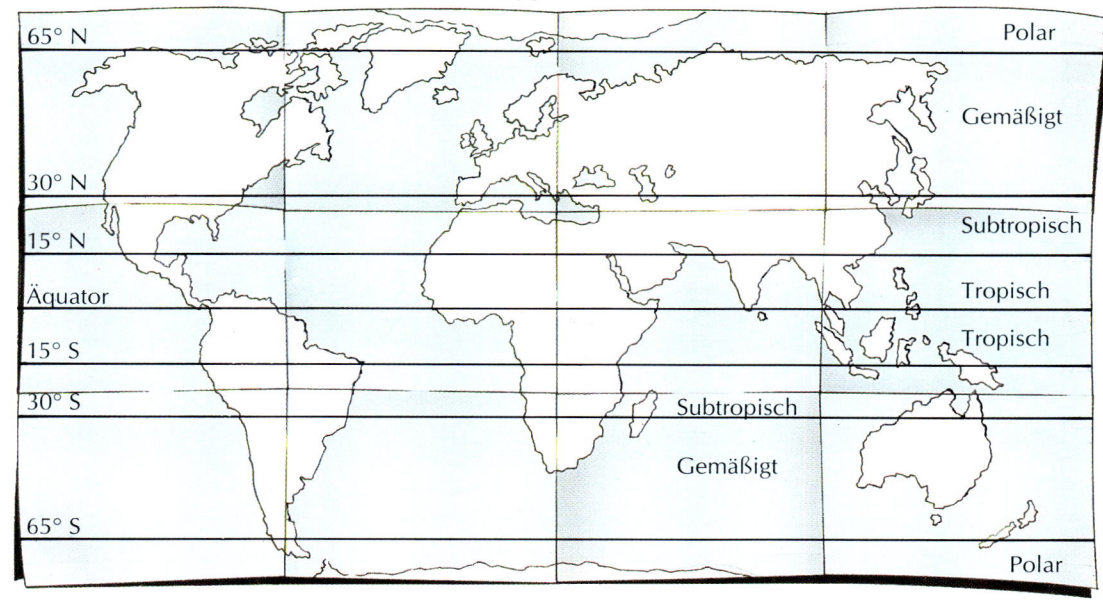

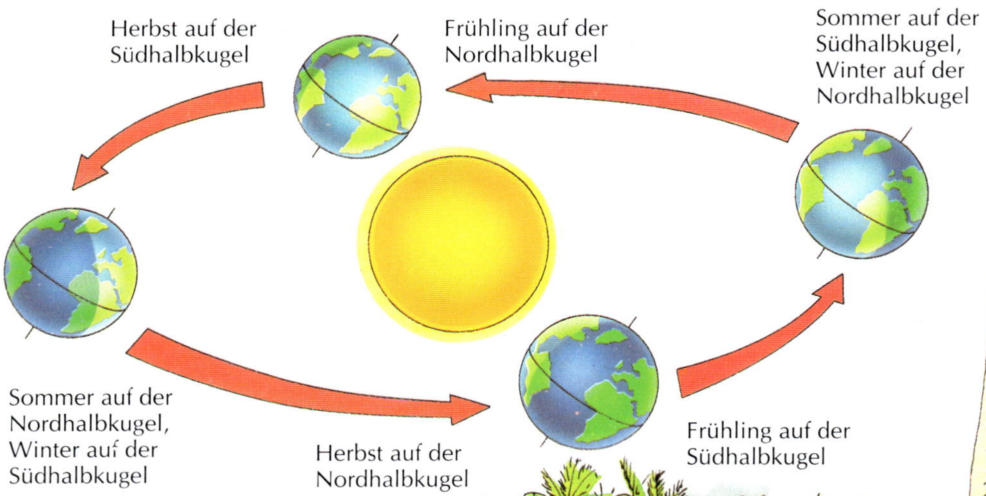

Herbst auf der Südhalbkugel — Frühling auf der Nordhalbkugel — Sommer auf der Südhalbkugel, Winter auf der Nordhalbkugel — Sommer auf der Nordhalbkugel, Winter auf der Südhalbkugel — Herbst auf der Nordhalbkugel — Frühling auf der Südhalbkugel

- In den Regionen, die an den Äquator angrenzen, fällt jahreszeitlich starker Regen, der sogenannte Monsun; ihm folgt eine Trockenzeit. Wenn die Regenzeit nicht rechtzeitig einsetzt, kann dies verheerende Folgen für die Ernte haben.

Unglaublich, aber wahr

- In Malaysia stehen manche Häuser auf Stelzen, damit sie während des Monsuns nicht weggeschwemmt werden.

- Von 1000 bis 1200 n. Chr. stiegen die Temperaturen auf der Erde an und ein Teil des Polareises schmolz.

- Zwischen 1400 und 1850 war es auf der Erde etwa 2 bis 4 °C kälter als heute.

- Manche Wissenschaftler glauben, daß sich das Klima stetig erwärmt.

Die Pflanzen

Einige Nutzpflanzen:

Reis – das am weitesten verbreitete Nahrungsmittel

Es gibt mehr als 335 000 bekannte **Pflanzenarten.** Pflanzen sind für das Leben auf der Erde von entscheidender Bedeutung, denn sie produzieren den Sauerstoff, den die Tiere zum Leben brauchen.

Pflanzen wachsen überall auf der Welt. Welche Art von **Vegetation** in einer Region gedeiht, hängt zum einen vom Klima und zum anderen vom Boden ab.

Die Entstehung von Nährstoffen

Viele Pflanzen können ihre eigenen **Nährstoffe** herstellen. Dabei produzieren sie Sauerstoff und verbrauchen **Kohlendioxid.**

- Die meisten Pflanzen enthalten eine grüne Substanz, das Chlorophyll, welches das Sonnenlicht absorbiert. Mit der Energie des Sonnenlichts können die Pflanzen dann Nährstoffe herstellen.

- Bei der Photosynthese produzieren Pflanzen Sauerstoff und geben diesen in die Luft ab. Tiere brauchen den Sauerstoff zum Atmen.

- Wenn eine Pflanze Nährstoffe produziert, verbindet sie Kohlendioxid aus der Luft mit Mineralien und Wasser aus dem Boden. Dieser Prozeß heißt Photosynthese.

- Wenn Tiere ausatmen, geben sie dabei Kohlendioxid ab. Die Pflanzen brauchen dieses Kohlendioxid für die Photosynthese.

Blütenpflanzen

Viele Pflanzen wachsen aus **Samen.** Damit ein neuer Same entstehen kann, muß ein winziges **Pollenkorn** (männliche Zelle) mit einer weiblichen **Zelle** in einer Samenanlage zusammenkommen. Manche Pflanzen bilden **Blüten** aus, die Pollen und Samenanlagen enthalten.

- Manche Blüten sind mit süßem Nektar, von dem sich Insekten ernähren, gefüllt. Wenn ein Insekt eine Blüte besucht, bleiben winzige Pollenkörnchen an ihm hängen. Diese Pollen trägt das Insekt dann zur nächsten Blüte, wo es einen Teil davon an der dortigen Samenanlage abstreift.

- Manche Blütenpflanzen, wie zum Beispiel Gräser, locken keine Insekten an. Die Bestäubung erfolgt bei diesen Pflanzen durch den Wind.

- Nach der Bestäubung beginnen die Samen zu wachsen. Die Samen fallen schließlich auf den Boden. Wenn Wetter und Bodenbedingungen stimmen, wachsen daraus neue Pflanzen.

Unglaublich …

- Der Affenbrotbaum kann in seinem Stamm bis zu 1000 Liter Wasser speichern.

- Der älteste lebende Baum ist eine kalifornische Borstenkiefer namens „Methusalem". Sie ist etwa 4600 Jahre alt.

- Bambus kann bis zu 91 cm pro Tag wachsen.

- Zur Zeit der Dinosaurier gab es auf der Erde keine Gräser, nur Farne, Nadelbäume und Palmfarne.

 **Kautschukbäume** – aus dem Saft dieser Bäume wird Gummi hergestellt.

 **Nadelbäume** – aus den Stämmen dieser Bäume wird Papier hergestellt.

 **Baumwollpflanzen** – aus dem Flaum wird Baumwolle hergestellt.

Pflanzen und ihre Verbreitung

Botaniker unterscheiden sechs verschiedene **Vegetationszonen.**

In jeder Zone wachsen ganz bestimmte, typische Pflanzen.

● Der tropische Regenwaldgürtel erstreckt sich entlang des Äquators; er bedeckt etwa 6% der Erdoberfläche. Wegen der hohen Niederschlagsmenge in diesen Regionen gibt es in den tropischen Regenwäldern eine ausgesprochen große Pflanzenvielfalt. Dschungelbäume sind immergrün, das heißt sie werfen ihr Laub nicht ab.

● Nördlich der Dschungelregionen liegen gemäßigte Wälder mit buschartigen, großblättrigen Bäumen. Diese Bäume werfen im Herbst ihr Laub ab, im Frühjahr wachsen dann neue Blätter nach.

● Nördlich der gemäßigten Laubwälder erstreckt sich der Nadelwaldgürtel, der etwa ein Viertel der Erdoberfläche bedeckt. Nadelbäume sind sehr kälteresistent, sie haben keine Blätter, sondern tragen widerstandsfähige, von einer wachsartigen Schicht überzogene Nadeln.

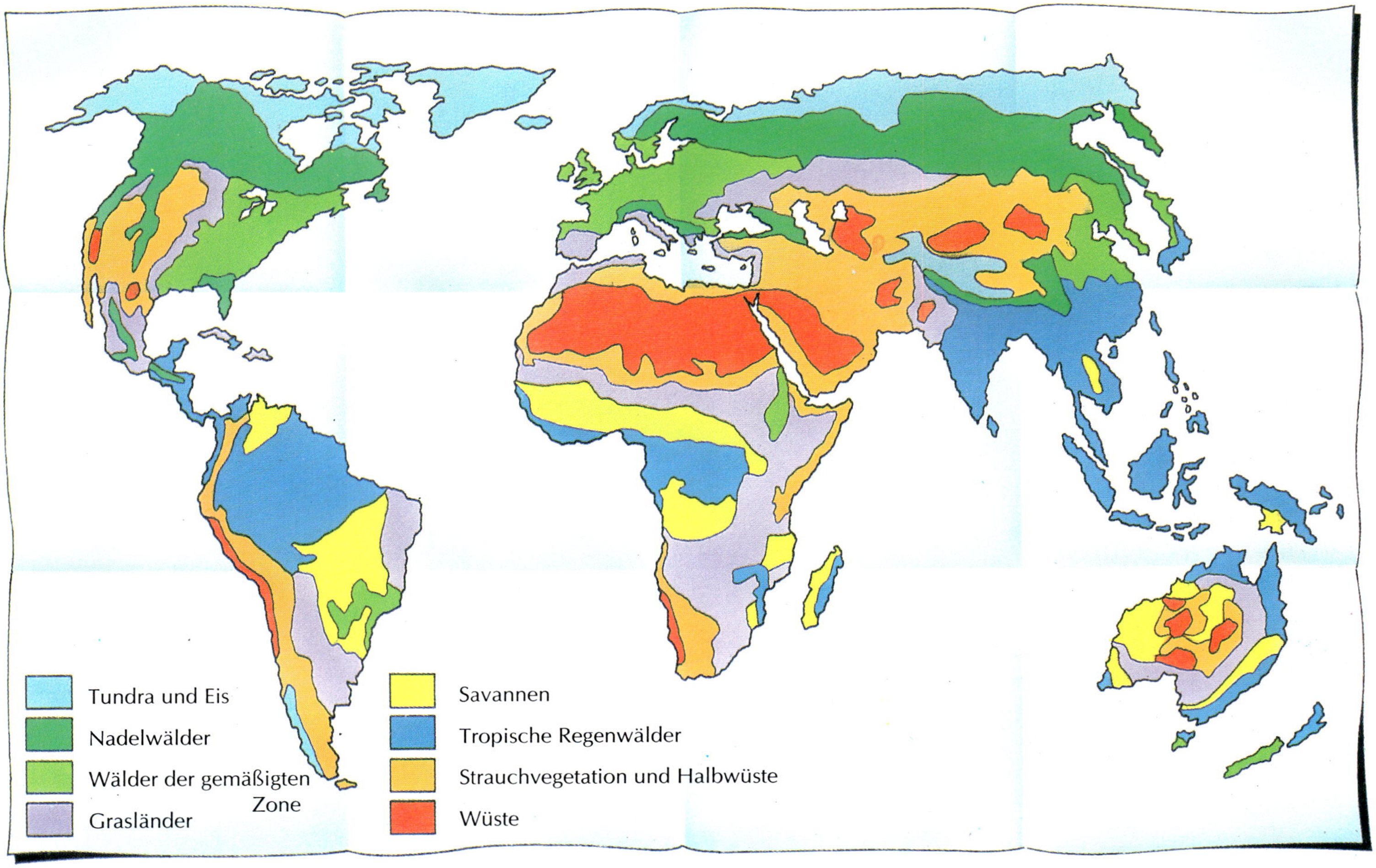

Legende:
- Tundra und Eis
- Nadelwälder
- Wälder der gemäßigten Zone
- Grasländer
- Savannen
- Tropische Regenwälder
- Strauchvegetation und Halbwüste
- Wüste

● Nördlich der Nadelwälder liegt die Tundra. Dort ist der Boden ganzjährig einige Zentimeter tief gefroren. Es gibt keine ausreichend dicke Bodenschicht, große Bäume können hier nicht wachsen, statt dessen ist der Boden von einem dichten Moosteppich mit kleinen Blümchen bedeckt.

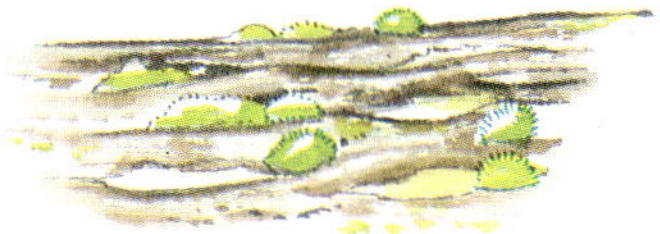

● Grasländer sind Regionen, in denen es zu trocken ist für Wald. Trotzdem gibt es hier noch Regen, das Gebiet ist also keine Wüste. Die dicke Grasdecke verträgt sowohl sommerliche Hitze, als auch winterliche Kälte. Grasländer in Äquatornähe heißen Savannen.

● Ein Fünftel der Erdoberfläche ist Wüste. Dort fällt nur wenig oder gar kein Regen. Die Pflanzen, die hier wachsen, müssen mit sehr wenig Wasser auskommen. Viele von ihnen haben dicke, gummiartige Blätter, in denen sie Feuchtigkeit speichern können.

Regenwälder

Einige weit verbreitete Nahrungsmittel aus dem Regenwald:

 Bananen

Regenwälder sind dichte Dschungel am und um den **Äquator,** wo es täglich **starke Niederschläge** gibt.

Regenwälder liegen in West-Afrika, Südostasien, Südamerika und auf den Inseln im westlichen Pazifik.

Verbreitung der Regenwälder

Regenwälder sind die Heimat einer ausgesprochen vielfältigen Tier- und Pflanzenwelt. Zum Beispiel gibt es in einem kleinen Gebiet im Regenwald des **Amazonas** in Südamerika Hunderte verschiedener Bäume und Tiere.

Der Stockwerkbau des Regenwalds

In den unterschiedlichen Höhenstufen des Regenwalds findet man verschiedene **Tiere** und **Pflanzen.**

- Dschungelriesen sind besonders hohe Bäume von 45 bis 60 m Höhe; sie überragen die anderen Bäume. Hier haben große Raubvögel ihr Nest.

- In der Baumwipfelzone leben viele Tiere. Dieses Stockwerk reicht etwa von 30 bis 45 m über dem Boden. Hier wachsen auch viele Blumen und Früchte.

- An den Baumstämmen wachsen strickartige Pflanzen, die Lianen. Tiere hängen sich daran und schwingen so von Ast zu Ast.

- Junge Bäume und Sträucher wachsen im unteren Stockwerk (bis 10 m Höhe).

- Auf dem Boden liegt eine dünne Humusschicht aus heruntergefallenen Blättern und abgestorbenen, verrottenden Pflanzen. Hier leben Insekten und Pilze.

- Die Wurzeln der Dschungelbäume liegen sehr flach unter der Erdoberfläche, von dort nehmen sie Nährstoffe und Feuchtigkeit auf. Manche Bäume haben große, flache Wurzeln entwickelt, die als Stützpfeiler dienen.

Pflanzen des Regenwalds

- Die Bäume des Regenwalds tragen zu unterschiedlichen Zeiten Blüten. Viele von ihnen haben bunte Blütenblätter und locken mit süßem Nektar Vögel und Insekten zur Bestäubung an (siehe Seite 32).

- In manchen Regenwaldregionen leben Kolibris. Sie ernähren sich vom Nektar der Blüten. Kolibris können scheinbar in der Luft stehen, dabei schlagen ihre Flügel sehr schnell, und sie tauchen ihren Schnabel in die Blüten, um mit der Zunge den Nektar herauszuschlecken.

- Viele Pflanzenarten klammern sich an den Baumstämmen und Ästen fest; mit ihren in der Luft hängenden Wurzeln nehmen sie Feuchtigkeit auf.

Kakao  — Nelken  — Pfeffer 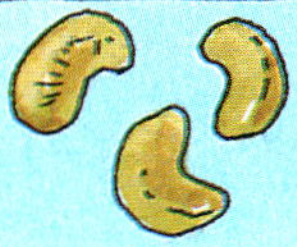 — Cashew-Kerne

Tiere des Regenwalds

Im Regenwald leben **Säugetiere, Vögel, Fische, Insekten, Amphibien** und **Reptilien**.

Jaguar

- Zu den im Regenwald lebenden Säugetieren gehören Raubkatzen, die auf den Bäumen leben, wie zum Beispiel der Jaguar.

- Im Dschungel leben die verschiedensten Schlangen und Echsen.

Anaconda

- Im Dschungel gibt es verschiedene Insekten: Ameisen, Schmetterlinge, Termiten und Käfer.

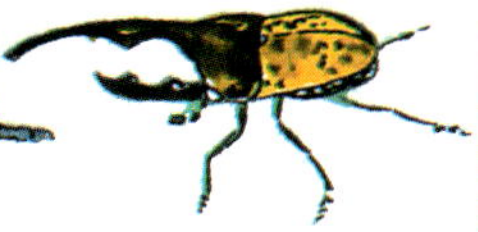

- Auf manchen Blättern der Dschungelpflanzen sammelt sich Wasser; dieses Wasser lockt Baumfrösche an. Baumfrösche haben Saugnäpfe an den Vorder- und Hinterbeinen, mit denen sie sich auf den Ästen gut festhalten können.

Baumfrosch

- Buntgefiederte Papageien, Aras und Tukane sind nur einige der Vögel, die in der Wipfelzone des Regenwalds nisten.

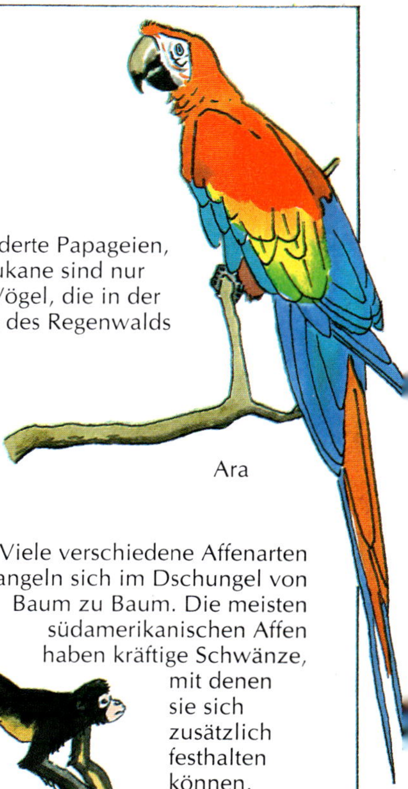

Ara

- Viele verschiedene Affenarten hangeln sich im Dschungel von Baum zu Baum. Die meisten südamerikanischen Affen haben kräftige Schwänze, mit denen sie sich zusätzlich festhalten können.

- In den Flüssen im Regenwald wimmelt es von Fischen. Der Amazonas ist die Heimat des gefährlichen Piranha.

Piranha

Unglaublich, aber wahr

- Im afrikanischen Dschungel lebt ein Riesenkäfer, der bis zu 14 cm lang wird. Wenn er fliegt, klingt es wie bei einem kleinen Flugzeug.

- Die Wanderameisen der Amazonasregion sind manchmal in Armeen von bis zu 20 Millionen Tieren unterwegs. Sie fressen alles kahl, was auf ihrem Weg liegt.

- Gibbons wirken auf den ersten Blick wie große Akrobaten. Sie haben aber häufig gebrochene Knochen, weil sie oft herunterfallen.

Menschen, die im Dschungel leben

Die **Menschen**, die im Dschungel leben, haben sich meist zu kleinen **Stämmen** zusammengeschlossen.

- Die meisten Dschungelbewohner sind Sammler und Jäger. Sie kennen sich im Regenwald sehr gut aus und wissen genau, wo man Nahrung finden kann.

- Der traditionelle Lebensraum der Indianer im südamerikanischen Regenwald wird immer stärker bedroht. Immer mehr Wald wird gerodet und Bodenschätze werden in großem Stil abgebaut. Inzwischen gibt es internationale Bemühungen, den Lebensraum der Indianer zu retten.

Wüsten

Der Wind bläst den Sand zu Dünen zusammen. Diese Dünen haben je nach ihrer Form unterschiedliche Namen:

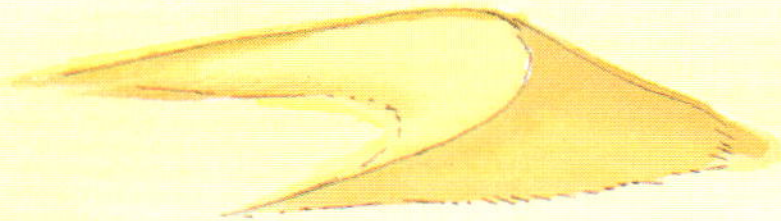

Barchane

Als Wüsten werden Gegenden bezeichnet, in denen weniger als 25 cm Niederschlag im Jahr fällt. In diesen unwirtlichen Gegenden ist es schwer, Wasser und Nahrung zu finden.

Es gibt viele verschiedene Arten von **Wüstenlandschaften,** Sandwüsten mit Dünen, felsige Ebenen und Gebirge.

Wüsten können aus verschiedenen Gründen entstehen, zum Beispiel kann ein Gebiet so weit vom Meer entfernt liegen, daß der von dort kommende Wind bereits alle Feuchtigkeit abgeregnet hat, wenn er die Wüste erreicht. Manche Wüstenlandschaften sind trocken, weil sie im Regenschatten von Gebirgen liegen. Alle Feuchtigkeit fällt dann als Regen oder Schnee bereits in den Höhenlagen des Gebirges.

Die großen Wüsten der Erde

Die Karte unten zeigt die größten **Wüstenregionen** der Erde:

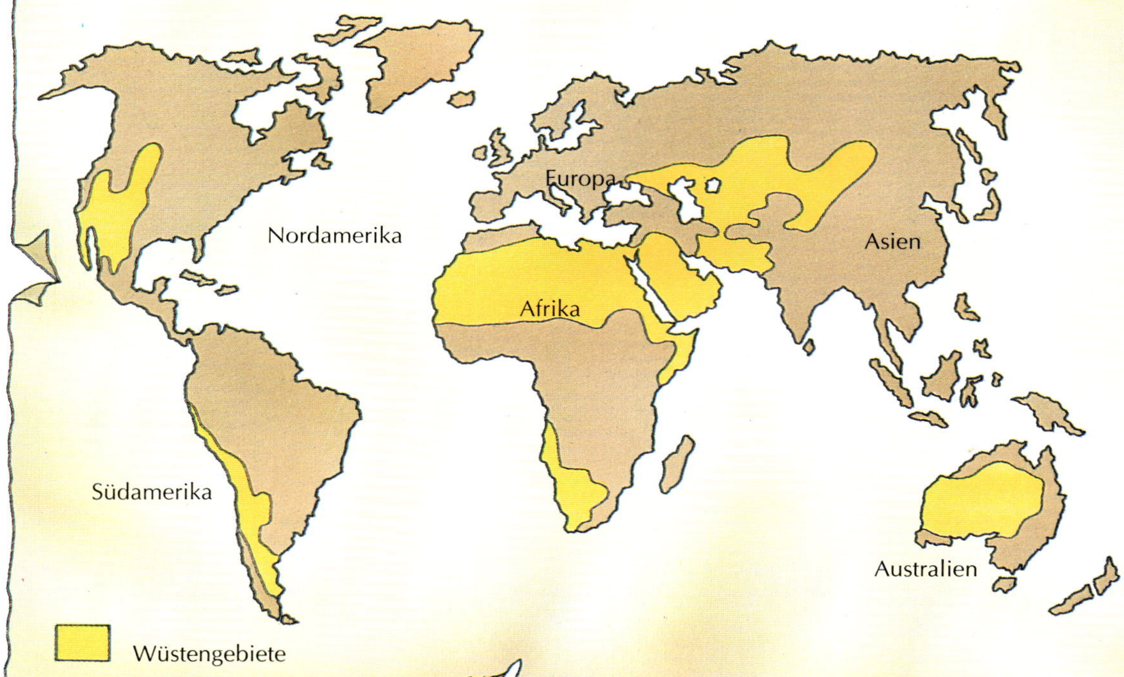

Nordamerika, Europa, Asien, Afrika, Südamerika, Australien

Wüstengebiete

Pflanzen in der Wüste

Wüstenpflanzen sind an die Trockenheit angepaßt.

● Sie nehmen Feuchtigkeit mit ihren Wurzeln auf. Diese liegen dicht unter der Erdoberfläche, um den Tau nutzen zu können, oder sie reichen weit hinunter, um an die Feuchtigkeit in tieferen Bodenschichten heranzukommen.

● Manche Kakteen haben eine dehnbare Oberfläche, damit sie Wasser speichern können.

● Der größte Kaktus wächst in der Sonora-Wüste in den südwestlichen USA. Er wird bis zu 15 Meter hoch.

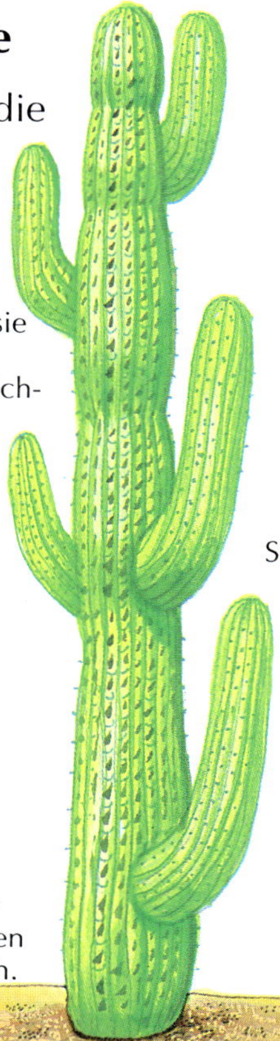

Saguaro-Kaktus

● Viele Wüstenpflanzen blühen und vermehren sich immer nur dann, wenn Regen kommt. Manchmal liegen die Samen jahrelang im Boden und keimen erst, wenn es wieder einmal regnet.

Wüstenblume

● Wüstenblumen haben häufig wunderschöne, bunte Blüten, sie blühen aber nur für kurze Zeit nach dem Regen. Da sie sich in der Trockenheit nicht lange halten können, müssen sie die Insekten zur Bestäubung schnell anlocken, daher haben sie sehr farbenprächtige Blüten.

| Seifdüne | Sterndüne | Längs- oder Strichdüne | Quer- oder Walldüne |

- Die nordamerikanischen Wüsten sind felsige Ebenen mit tiefen Schluchten und Salzseen. Die heißeste Stelle liegt im Tal des Todes in Kalifornien, dort können die Temperaturen mehr als 56 °C erreichen.

- Die Sahara (Nordafrika) ist die größte Wüste der Welt. Sie ist fast so groß wie die USA. Der größte Teil der Sahara ist Felswüste, nur etwa ein Zehntel ist Sandwüste mit Dünen.

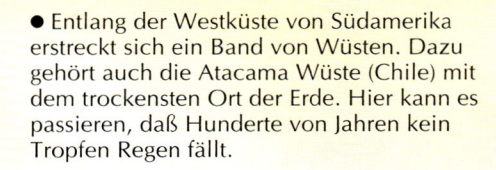

- Entlang der Westküste von Südamerika erstreckt sich ein Band von Wüsten. Dazu gehört auch die Atacama Wüste (Chile) mit dem trockensten Ort der Erde. Hier kann es passieren, daß Hunderte von Jahren kein Tropfen Regen fällt.

- Der Großteil Zentralaustraliens ist eine öde Wüstenebene mit einigen vereinzelten Bergen, wie dem berühmten Ayers Rock. Die Australier nennen diese Gegend „Outback"

Ayers Rock

- Die Arabische Wüste ist teilweise ein Meer aus Sand mit bis zu 240 m hohen Dünen. Hier leben Beduinenstämme, sie ziehen durch die Wüste und wohnen in Zelten.

- Die Wüste Gobi in Zentralasien hat heiße Sommer und bitterkalte Winter. Die Menschen leben als Nomaden. Sie ziehen durch dieses öde, felsige Land, immer auf der Suche nach Weidemöglichkeiten für ihre Yaks.

Nomade mit seinem Yak

- Die Kalahari in Südafrika liegt auf einem riesigen Plateau. Im Zentrum dieses Plateaus hat die Kalahari rote Sanddünen. Die Buschmänner der Kalahari sind Jäger und Sammler.

Buschmann

Tiere in der Wüste

Die **Tiere der Wüste** verkriechen sich meist während der Hitze des Tages und kommen erst heraus, wenn es gegen Abend kühler wird. Sie beziehen die Feuchtigkeit, die sie brauchen, aus Pflanzen oder anderen Tieren, die sie fressen.

- Wüstenspinnen bauen meist keine Netze. Sie jagen nach Nahrung. Manche Wüstenspinnen werden bis zu 15 cm groß.

- Kamele können viele Tage ohne Wasser auskommen. Außerdem können sie zum Schutz gegen Staub ihre Nasenlöcher verschließen.

- In der Wüste leben viele verschiedene Echsen und Schlangen. Sie versuchen immer im Schatten zu bleiben.

Unglaublich, aber wahr

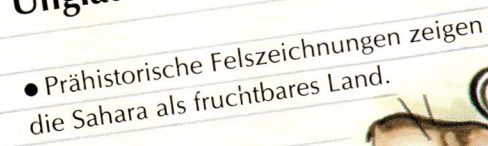

- Prähistorische Felszeichnungen zeigen die Sahara als fruchtbares Land.

- Die ersten Weißen, die das australischen Outback erkundeten, suchten einen sagenhaften See.

- In Saudi-Arabien gibt es mit Sonnenenergie betriebene Telefonzellen in der Wüste.

- Straußenvögel, die in der Wüste leben, fressen manchmal Sand, wahrscheinlich brauchen sie den Sand für ihre Verdauung.

Polarregionen

Vier Walarten, die vor der Küste der Antarktis zu finden sind:

Pottwal

Arktis und **Antarktis** sind die kältesten Regionen der Erde.

Die Arktis umfaßt das Gebiet nördlich des **Polarkreises,** einer gedachten Linie um den Nordpol. Zentrum dieser Region ist das **Nordpolarmeer,** das überwiegend unter einer riesigen Eisdecke liegt. Nach Süden daran angrenzend liegt der **Tundrengürtel** (siehe Seite 33).

Die Arktis

Die meiste Zeit des Jahres ist die arktische **Tundra** schneebedeckt. In den kurzen Sommermonaten taut der Schnee, das Wasser kann aber nicht versickern, weil schon dicht unter der Erdoberfläche der Boden gefroren bleibt; man nennt dies **Dauerfrostboden** oder **Permafrost.** So sammelt sich das Wasser in Seen, Teichen und Sümpfen.

- Manchmal peitscht der Wind den Schnee in der Arktis so auf, daß es zu Schneestürmen (ähnlich den Sandstürmen in der Wüste) kommt, die tagelang anhalten können.

- Die meisten Tiere der Arktis leben im Sommer in der Tundra. Im Winter ziehen sie entweder weiter nach Süden, oder sie überwintern unter der Erde.

- Tundrenpflanzen sind klein. Sie wachsen nahe dem Erdboden, um so nicht zu sehr dem beißenden Wind und den kalten Temperaturen ausgesetzt zu sein. Einige haben als Wärmeschutz Haare an den Stielen.

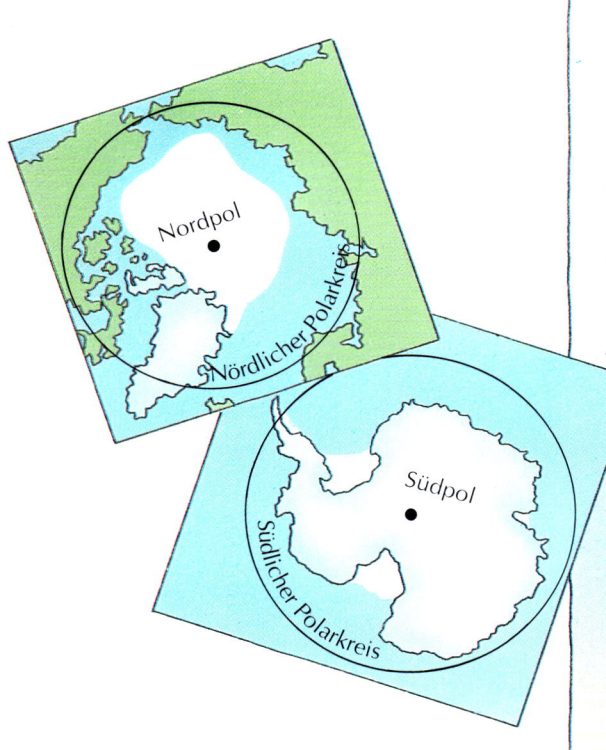

Die Antarktis

In der Antarktis, dem größten ständig unter Eis liegenden Gebiet der Erde, ist es ganzjährig sehr kalt und stürmisch.

- In der Antarktis schauen nur noch die Gipfel der höchsten Berge aus dem Eis heraus. An manchen Stellen ist das Eis vier km dick.

- Die größten Eisberge der Welt (manche mit einer Ausdehnung von bis zu 100 km) brechen vom Schelfeis der Antarktis ab und treiben weit auf das Meer hinaus. Dieses Abbrechen von Eis nennt man „kalben".

- Manche Küstengebiete der Antarktis sind im Sommer eisfrei. Dann wachsen Algen und Flechten, andere Pflanzen gibt es aber kaum.

Die **Antarktis** ist der Kontinent um den Südpol. Sie bedeckt etwa 9% der Erdoberfläche.

Der größte Teil der antarktischen Landmasse liegt unter einer dicken Eisdecke. Tiere und Pflanzen leben nur an den Küsten und auf den vorgelagerten Inseln, dort ist es etwas wärmer als im Landesinneren.

Schwertwal Finnwal Buckelwal

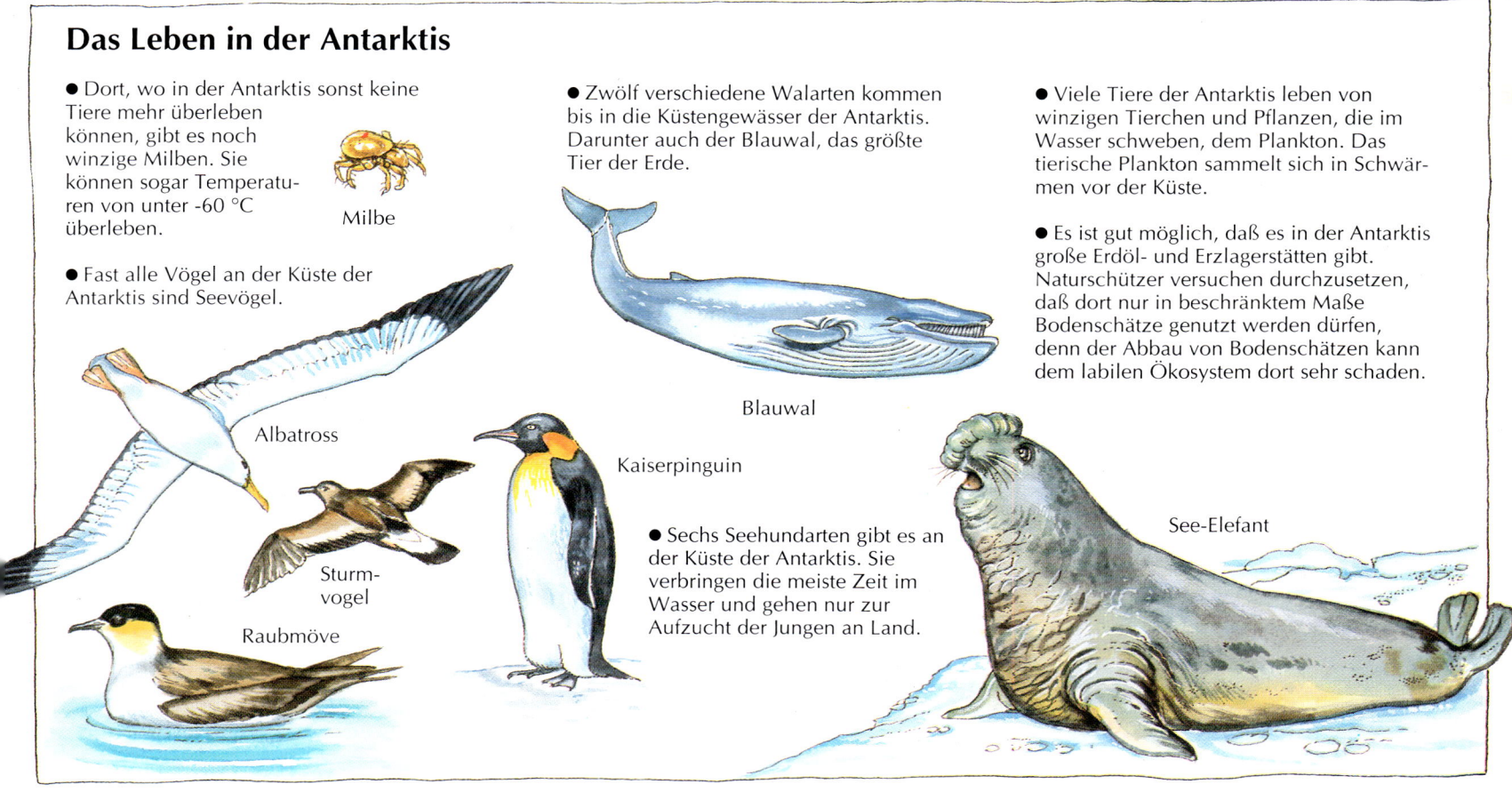

- Manche Tiere der Arktis haben ein weißes Fell, im Schnee sind sie so hervorragend getarnt. Den Polarhasen kann man zum Beispiel im Schnee kaum erkennen.

Polarhase

- Manche Tiere der Arktis sind Pflanzenfresser, andere sind Jäger. Der Eisbär ist das gefährlichste Raubtier der Arktis, er jagt vor allem Seehunde.

Eisbär

Unglaublich, aber wahr

- Das größte Tier, das im Landesinneren der Antarktis vorkommt, ist die Stubenfliege.
- Der Antarktisbarsch hat ein Eiweiß im Blut, das wie ein Frostschutzmittel wirkt.
- Pinguine sind durch eine Fettschicht so gut vor Kälte geschützt, daß sie sogar schwitzen können. Sie stehen dann mit offenen Schnäbeln da, um wieder abzukühlen.
- Der Adelienpinguin kann bis zum Vierfachen seiner Körpergröße springen, um aus dem Wasser an Land zu gelangen.

- Das Fell des Karibus ist ein idealer Kälteschutz. Jedes Haar ist innen hohl und wirkt wie ein kleines Warmluftpolster.

- In der Arktis werden heute Bodenschätze, zum Beispiel Erdöl, abgebaut. Die Inwertsetzung dieser Region muß aber sehr vorsichtig geplant werden, damit der Lebensraum der einzigartigen Tiere, die hier leben, nicht zerstört wird.

Karibu

Das Leben in der Antarktis

- Dort, wo in der Antarktis sonst keine Tiere mehr überleben können, gibt es noch winzige Milben. Sie können sogar Temperaturen von unter -60 °C überleben.

Milbe

- Fast alle Vögel an der Küste der Antarktis sind Seevögel.

Albatross

Sturmvogel

Raubmöve

- Zwölf verschiedene Walarten kommen bis in die Küstengewässer der Antarktis. Darunter auch der Blauwal, das größte Tier der Erde.

Blauwal

Kaiserpinguin

- Sechs Seehundarten gibt es an der Küste der Antarktis. Sie verbringen die meiste Zeit im Wasser und gehen nur zur Aufzucht der Jungen an Land.

- Viele Tiere der Antarktis leben von winzigen Tierchen und Pflanzen, die im Wasser schweben, dem Plankton. Das tierische Plankton sammelt sich in Schwärmen vor der Küste.

- Es ist gut möglich, daß es in der Antarktis große Erdöl- und Erzlagerstätten gibt. Naturschützer versuchen durchzusetzen, daß dort nur in beschränktem Maße Bodenschätze genutzt werden dürfen, denn der Abbau von Bodenschätzen kann dem labilen Ökosystem dort sehr schaden.

See-Elefant

Umweltschutz

Einige Möglichkeiten, die jeder nutzen kann, um die Umweltverschmutzung so gering wie möglich zu halten: Dosen, Flaschen und Papier zum Recycling bringen

Flüsse, Seen, der Boden und die Luft sind durch die **Umweltverschmutzung** bedroht.

Unser Planet wird bald ernsthaften Schaden nehmen, wenn nicht alles getan wird, um weitere Verschmutzungen und Zerstörungen möglichst zu verhindern.

Warnsignale zum Klima

Kohlendioxid (CO_2) in der Atmosphäre staut einen Teil der Sonnenwärme. Der Kohlendioxidgehalt ist durch die Luftverschmutzung so stark angestiegen, daß sich das **Weltklima** dadurch möglicherweise erwärmt. Die globale Erwärmung wird verursacht durch:

- Abgase von Autos, Fabriken und Kraftwerken.
- Brandrodung und Abholzen von Wäldern. Die Brandrodung produziert Abgase, und weniger Pflanzen können nicht mehr so viel CO_2 in der Atmosphäre abbauen.
- FCKW in Spraydosen, Kühlschränken und Klimaanlagen. FCKW zerstört die Ozonschicht, die uns vor den gefährlichen UV-Strahlen schützt (siehe Seite 25).

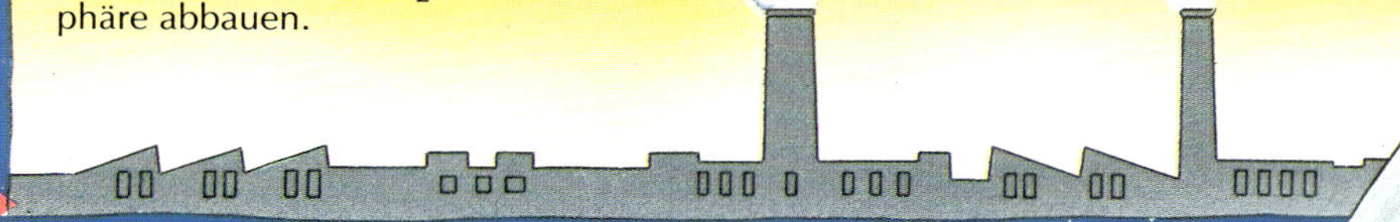

Warnsignale zur Situation der Wälder

Man schätzt, daß alle 2,5 Minuten **1 km² Regenwald** zerstört wird. Wenn das so weitergeht, wird es im Jahre 2050 keine Regenwälder mehr geben. Regenwälder werden zerstört durch:

- Menschen, die riesige Regenwaldgebiete roden, um Weideland für ihr Vieh zu schaffen.
- Dämme und Stauseen für Wasserkraftwerke.
- Das Schlagen von Tropenhölzern, wie zum Beispiel Mahagoni für Möbel.

Unglaublich, aber wahr

- Auf die USA entfallen 29% des gesamten Benzinverbrauchs und 33% der verbrauchten Elektrizität. 
- Statt chemische Pestizide zu sprühen, schicken chinesischen Bauern Enten auf die Felder, um Schädlinge zu beseitigen. 
- Das Industriegebiet Cubato in Brasilien heißt das Todestal. Die Umweltverschmutzung ist dort so schlimm, daß alle Bäume abgestorben sind, und es gibt kein Leben mehr in den Flüssen.

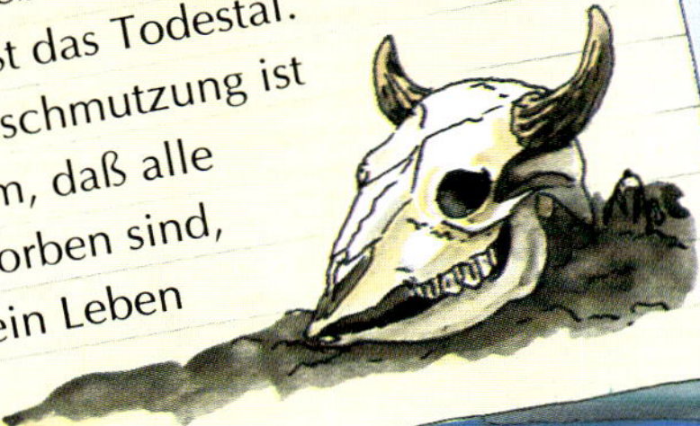

Warnsignale zur Wasserqualität

Flüsse und **Ozeane** werden immer stärker verschmutzt. Verantwortlich dafür sind:

- Fabriken, die ihre schmutzigen Abwässer einfach in Flüsse und Meere ablassen.
- Öl, das aus Tankern und in Ölverladehäfen ausläuft.
- Kunstdünger und chemische Schädlingsvernichtungsmittel, die vom Regen in Flüsse und Seen gewaschen werden.

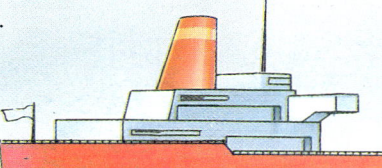

Umweltfreundliche Produkte kaufen

Environment friendly

Darauf achten, daß man bleifreies Benzin tankt

Möglichkeiten, das Klima zu retten

Man versucht der globalen Erwärmung entgegenzuwirken, indem:

- Filter in Fabrikschlote eingebaut werden, die die Abgase reinigen.

- Autos mit Katalysatoren ausgestattet werden, die den Schadstoffausstoß reduzieren.

- So viele Produkte wie möglich wiederverwertet werden, zum Beispiel Glas, Aluminium und Papier.

- Versucht wird, neue Brennstoffe zu entwickeln, die Benzin ersetzen sollen.

- Allmählich die Verwendung von FCKW eingestellt wird.

- Die Zerstörung der Wälder reduziert wird.

Möglichkeiten, die Wälder zu retten

Regenwälder können gerettet werden, wenn man:

- Internationale Gesetze erläßt, die die Zerstörung der Regenwälder einschränken.

- Den Ländern mit den größten Regenwaldgebieten finanzielle Hilfe anbietet, und versucht, sie davon zu überzeugen, das Roden des Regenwalds einzustellen.

- Kein Tropenholz oder Produkte aus Tropenholz, wie zum Beispiel Mahagonimöbel, kauft.

Möglichkeiten, die Wasserqualität wieder zu verbessern

Man versucht heute die Wasserverschmutzung zu reduzieren, indem man:

- Den Fabriken gesetzlich verbietet, ungeklärtes Abwasser einfach in Flüsse, Seen und Meere zu leiten.

- In der Landwirtschaft die Verwendung von gefährlichen Chemikalien verbietet.

- Effektivere Möglichkeiten findet, um Ölteppiche zu beseitigen.

Fakten und Zahlen

Die Erde im Weltraum

- Die Entfernung zwischen Erde und Mond beträgt 384 405 km.
- Das Licht der Sonne braucht etwa acht Minuten bis zur Erde.
- Der nächstgelegene Stern zur Erde (abgesehen von der Sonne) ist Proxima Centauri.
- Proxima Centauri ist mehr als vier Lichtjahre von der Erde entfernt.
- Die Erde bewegt sich mit durchschnittlich 29,8 km pro Sekunde in ihrer Umlaufbahn.
- Die Dichte der Erde ist 5,517 mal höher als die Dichte von Wasser.
- Die Erdachse ist geneigt, die Neigung beträgt 23°.
- Das Licht des Mondes, das wir nachts sehen, kommt nicht vom Mond selbst. Was wir sehen ist das Licht der Sonne, das auf den Mond scheint.

Die Erde seit ihrer Entstehung

- Hätte sich die Erdgeschichte bis zur Geburt Christi in nur einem Jahr abgespielt, wäre die Erde am 1. Januar entstanden, erstes Leben hätte es aber nicht vor Ende März gegeben.
- Die ersten Dinosaurier wären bei diesem Vergleich Mitte Dezember aufgetaucht.
- Erst kurz vor Jahresende wären dann die ersten Menschen erschienen.

Die Erdoberfläche

- Die Gesamtfläche der Erde beträgt 510 100 000 km².
- Die Landflächen der Erde umfassen zusammen 148 800 000 km².
- Wenn man ohne Pause um die Erde joggen wollte, würde man dazu sechs Monate brauchen.

Größte Länder

Die zehn größten Länder der Erde sind:

Land	Fläche
GUS	22 402 200 km²
Kanada	9 976 139 km²
China	9 560 980 km²
USA	9 372 614 km²
Brasilien	8 511 965 km²
Australien	7 686 848 km²
Indien	3 287 590 km²
Argentinien	2 766 889 km²
Sudan	2 505 813 km²
Algerien	2 381 741 km²

Inseln

Die größten Inseln der Welt sind:

Insel	Fläche
Grönland	2 175 600 km²
Neuguinea	771 900 km²
Borneo	746 950 km²
Madagaskar	587 041 km²
Baffininsel	476 065 km²
Sumatra	424 979 km²
Großbritannien	244 046 km²
Honshu	230 448 km²
Ellesmere-Insel	212 000 km²
Victoriainsel	208 100 km²

Halbinseln

Land, das auf drei Seiten von Wasser umgeben ist, nennt man Halbinsel.

Halbinsel	Fläche
Arabien	3 500 000 km²
Südindien	2 072 000 km²
Alaska	1 530 700 km²
Labrador	1 500 000 km²
Skandinavien	775 000 km²
Iberische Halbinsel	580 000 km²

Vulkane

Die zehn aktivsten Vulkane der Erde:

Vulkan	Höhe	Land
Antofalla	6 450 m	Argentinien
Guallatiri	6 060 m	Argent./Chile
Cotopaxi	5 897 m	Ecuador
Sangay	5 320 m	Ecuador
Kluchevskaya	4 850 m	GUS
Wrangell	4 269 m	Alaska
Mauna Loa	4 171 m	Hawaii
Galeras	4 083 m	Ecuador
Cameroun	4 070 m	Kamerun
Acatenango	3 959 m	Guatemala

- Der Toba, im nördlichen Zentral-Sumatra, hat den größten Vulkankrater (1775 km²) der Erde.
- Als 1783 der Laki in Island ausbrach, war sein Lavastrom mit 65 km der längste, der je beobachtet wurde.
- Es gibt etwa 500 aktive Vulkane auf der Welt.
- Etwa 20% aller Vulkane der Erde liegen unter dem Meeresspiegel.
- Lava, die bei einem Vulkanausbruch ausströmt, kann bis zu 1200°C heiß sein.
- Als der Vulkan Tolbachik (GUS) ausbrach, floß Lava mit einer Geschwindigkeit von mehr als 100 m pro Sekunde aus.
- Ein Ausbruch des Mauna Loa auf Hawaii dauerte 1½ Jahre.
- Der Lärm des Ausbruchs des Krakatoa (nahe Java) im Jahre 1883 war so groß, daß man ihn sogar noch in Australien (5 000 km entfernt) hören konnte.
- Der höchste Vulkan der Erde ist der Cerro Aconcagua (6 960 m). Er liegt in den Anden und ist heute erloschen.
- Manchmal dauert es Jahre bis Lava völlig erkaltet ist.

Berge und Gebirge

- Etwa 25% der gesamten Landfläche der Erde liegen mehr als 900 m hoch.
- Je höher man einen Berg hinaufsteigt, desto kälter wird es. Der Temperaturabfall beträgt 2 °C pro 300 m Höhenunterschied.
- Tibet ist das höchstgelegenste Land der Erde, es liegt im Durchschnitt 4 500 m über dem Meeresspiegel.
- Das Schottische Hochland gehört zu den ältesten Gebirgen der Welt. Man schätzt es auf etwa 400 Millionen Jahre.

Die höchsten Berge

Die sieben Kontinente jeweils mit ihrem höchsten Berg:

Kontinent	Berg	Höhe
Afrika	Kilimanjaro	5 895 m
Antarktis	Mount Vinson	5 140 m
Asien	Mount Everest	8 848 m
Australien	Mount Cook	3 764 m
Europa	Elbrus	5 633 m
Nordamerika	Mount McKinley	6 194 m
Südamerika	Aconcagua	6 960 m

Längste Gebirge

Einige der längsten Gebirgszüge der Erde:

Gebirge	Länge	Erdteil
Anden	7 240 km	Südamerika
Rocky Mountains	6 030 km	Nordamerika
Transantarktisches Gebirge	3 540 km	Antarktis
Great Dividing Range	3 000 km	Australien
Himalaya	2 400 km	Asien

Gletscher

Die längsten Gletscher der Erde:

Gletscher	Länge	Land
Lambertgletscher	515 km	Antarktis
Novaya Zemlya	418 km	GUS
Arctic Institute Gletscher	362 km	Antarktis
Nimrod/Lennox/King Gletscher	289 km	Antarktis
Denman Gletscher	241 km	Antarktis
Beardmore Gletscher	225 km	Antarktis
Recovery Gletscher	225 km	Antarktis
Petermanns Gletscher	200 km	Grönland

Erdbeben

Die stärksten Erdbeben, die je gemessen wurden:

Jahr	Land	Stärke auf der Richter-Skala
1906	Ecuador	8,6
1952	GUS	8,25
1957	Aleuten	7,75
1960	Chile	8,3
1964	Alaska	8,4

Einige der verheerendsten Erdbeben:

Jahr	Land	Todesopfer
1556	China	830 000
1755	Portugal	60 000
1908	Italien	160 000
1976	China	700 000
1978	Iran	25 000
1988	GUS	25 000

Flüsse und Seen

- Die am höchsten gelegenen Seen findet man im Himalaya. Der höchste schiffbare See ist der Titicaca-See in den Anden, er liegt 3 811 m über dem Meeresspiegel.
- Der tiefste See der Erde ist der Baikalsee in Sibirien. An seinem tiefsten Punkt mißt er fast 2 km.
- Das Süßwasser des Amazonas fließt von der Mündung aus bis zu 180 km unvermischt ins Meer hinaus.
- Der Huang He (Gelber Fluß) in China ist der Fluß, der am meisten Schlamm mit sich führt.
- Die Pripjet-Sümpfe in Rußland sind mit 46 950 km² das größte Sumpfgebiet der Erde.

Seen

Einige der größten Seen der Erde:

See	Fläche	Land
Kaspisches Meer	371 800 km²	GUS/Iran
Oberer See	82 350 km²	Kanada/USA
Victoriasee	68 000 km²	Afrika
Aralsee	65 500 km²	GUS
Huronsee	59 600 km²	Kanada/USA
Michigansee	58 000 km²	USA
Tanganjikasee	34 000 km²	Afrika
Baikalsee	31 500 km²	Sibirien
Großer Bärensee	31 068 km²	Kanada
Malawisee	30 800 km²	Afrika

Flüsse

Die zehn längsten Flüsse:

Fluß	Länge	Erdteil
Nil	6 695 km	Afrika
Amazonas	6 570 km	Südamerika
Mississippi/Missouri	6 020 km	Nordamerika
Jangtsekiang	5 530 km	Asien
Huang He (Gelber Fluß)	4 840 km	Asien
Irtysch	4 440 km	Asien
Amur	4 416 km	Asien
Kongo	4 320 km	Afrika
Parana	3 700 km	Südamerika
Ob	3 680 km	Asien

Fakten und Zahlen

Wasserfälle

Dies sind einige der größten Wasserfälle:

Wasserfall	Höhe	Land
Angelfall	979 m	Venezuela
Tugelafall	947 m	Südafrika
Utigardfall	800 m	Norwegen
Mongefossen	774 m	Norwegen
Yosemitefälle	739 m	USA
Mardalsfossen	656 m	Norwegen
Tyssestrenganefälle	646 m	Norwegen
Cuquenanfälle	610 m	Venezuela
Sutherlandfälle	580 m	Neuseeland
Kjellfossen	561 m	Norwegen

Ozeane

- 97% des gesamten Wassers auf der Erde befindet sich in den Ozeanen.
- Der größte Teil eines Eisbergs liegt unterhalb der Wasseroberfläche, nur 10% ragen darüber hinaus.
- Die Fundybai in Kanada hat den größten Tidenhub der Erde. Der Unterschied zwischen Ebbe und Flut beträgt etwa 16,5 m.
- Der höchste submarine Berg befindet sich zwischen Samoa und Neuseeland. Er ragt 8 690 m vom Meeresboden auf.
- Das Weiße Meer im Norden der GUS ist das kälteste Meer der Erde, es hat eine Durchschnittstemperatur von nur minus 2 °C.
- Der Persische Golf ist das wärmste Meer der Erde. Im Sommer erreicht das Wasser Temperaturen von 35,6 °C.
- Das salzigste Meer der Welt ist das Tote Meer im Nahen Osten.

Küsten

- Die Gesamtlänge der Küstenlinie der Erde beträgt mehr als 500 000 km – das entspricht 12 mal dem Erdumfang.
- Die größte Bucht der Erde ist die Hudson Bay in Kanada.

Polarregionen

- Etwa 10% der gesamten Erdoberfläche liegen unter Eis.
- Wenn starker Wind bläst, bewegen sich Eisberge mit einer Geschwindigkeit von bis zu 2,5 km/h.
- Der größte Eisberg, der je beobachtet wurde, war 167,6 m hoch. Er wurde vor der Küste von Grönland gesichtet.
- In der Tundra wächst nur eine einzige Baumart, die Zwergweide. Sie wird nur 10 cm hoch.
- Etwa 75% des Süßwassers auf der Erde ist in Gletschern gebunden.
- Die Grönländer leben nur entlang der Küsten, denn der größte Teil des Landesinneren liegt unter einer dicken Eisschicht.

Das Grönland-Eis:

- Ist 1,5 bis 3 km dick.
- Bedeckt fast 1,5 Millionen km².
- Hat eine Durchschnittstemperatur von minus 20 °C.

Das Antarktis-Eis:

- Ist 3 bis 4 km dick.
- Bedeckt 13 Millionen km².
- Hat eine Durchschnittstemperatur von minus 50 °C.

Das Nordpolarmeer:

- Liegt zu 12 000 000 km² unter Eis.
- Hat eine Durchschnittstiefe von 1500 m.
- Hat eine durchschnittliche Wassertemperatur von minus 51 °C.
- Am Nordpol gibt es kein Land, nur gefrorenes Meer.
- An den Polen ist es sechs Monate im Jahr Tag und sechs Monate im Jahr Nacht.

Wüsten

- Jedes Jahr bilden sich etwa 120 000 km² neue Wüste.
- In der Sahara ist manchmal schon Schnee gefallen.

Einige der größten Wüsten der Welt:

Wüste	Land	Fläche
Sahara	Nordafrika	8 400 000 km²
Gobi	Mongolei	1 295 000 km²
Gibson	Australien	647 500 km²
Große Victoriawüste	Australien	647 500 km²
Rub al Khali	Südarabien	587 500 km²
Kalahari	Südafrika	562 500 km²

- Nur etwa 15% der gesamten Wüstenflächen der Erde sind Sandwüsten.
- Sanddünen können bis zu 400 m hoch sein.

Einige der schlimmsten Dürren in der Geschichte:

Jahre	Land	Geschätzte Todesopfer
1333-1337	China	über 4 Millionen
1769-1770	Indien	3-10 Millionen
1837-1838	Indien	800 000
1865-1866	Indien	10 Millionen
1876-1878	Indien	3,5 Millionen
1876-1879	China	9-13 Millionen
1891-1892	GUS	400 000
1892-1894	China	1 Million
1896-1897	Indien	5 Millionen
1899-1900	Indien	1 Million

Das Wetter

● Wenn ein Blitz auf die Erde herunterfährt, hat er eine Geschwindigkeit von 1500 km pro Sekunde. Auf dem Rückweg ist er sogar noch schneller.
● Die Luft, durch die der Blitz schießt, kann eine Temperatur von bis zu 30 000 °C erreichen.
● Ein Tornado kann sich mit einer Geschwindigkeit von 50 km/h fortbewegen.
● Die Winde am Rande des Tornados sind sogar noch schneller, sie können über 700 km/h erreichen.
● Jedes Jahr ereignen sich auf der gesamten Welt mehr als 16 Millionen Gewitter.

Einige der schlimmsten Naturkatastrophen dieses Jahrhunderts:

● 1906 – ein Taifun tötete 50 000 Menschen in Hongkong.
● 1955 – in den USA kamen 200 Menschen bei einem Hurrikan um.
● 1962 – eine Lawine tötete 3 000 Menschen in Peru.
● 1970 – ein Zyklon und die nachfolgende Flutwelle töteten 20 000 Menschen in Bangladesh.
● 1975 – ein Blitz tötete 21 Menschen in Simbabwe.

Einige der regenreichsten Orte der Welt:

Cherrapunji (Indien):   11 430 mm/Jahr
Debundsehsa (Kamerun): 10 277 mm/Jahr
Quibdo (Kolumbien):   8 991 mm/Jahr

Pflanzen

● Der größte Baum der Welt ist ein riesiger Mammutbaum in Kalifornien. Er ist 84 m hoch und hat einen Stammumfang von 29 m.
● Der am schnellsten wachsende Baum ist der Eukalyptus. Er kann 10 m pro Jahr wachsen.
● Die ältesten Bäume der Erde sind die Borsten- oder Grannenkiefern Kaliforniens. Einer davon wird auf 4 600 Jahre geschätzt.
● Rafflesia (Riesenblume) hat von allen Pflanzen die größten Blüten. Eine Blüte kann 6 kg wiegen und einen Durchmesser von 91 cm haben.

Einige der am stärksten bewaldeten Länder der Erde.

Land	Bewaldete Landesfläche
Surinam	92%
Salomon Inseln	91%
Papua Neuguinea	84%
Guyana	83%
Gabun	78%
Finnland	76%
Kambodscha	75%
Nordkorea	74%
Bhutan	70%

● Reis ist das einzige Gras, das im Wasser stehend wachsen kann.
● Die größte Grasart ist der Bambus. Bambus kann 30 m hoch werden.
● Der Saguaro-Kaktus ist die größte Kakteenart. Er kann bis zu 16 m hoch werden.

Einige Getreidearten:

● Gerste
● Mais
● Hafer
● Roggen
● Weizen

Einige Nadelbaumarten:

● Zeder
● Douglasfichte
● Lärche
● Kiefer
● Fichte

Wälder

● Manche Arzneimittel werden aus Substanzen von Waldbäumen hergestellt. Zum Beispiel wurde Chinin, ein Fiebermittel zur Behandlung von Malaria, ursprünglich aus der Rinde des Chinarindenbaums gewonnen.
● Nur 1% des Sonnenlichts erreicht im Regenwald den Boden.
● Die USA, die GUS, China und Malaysia sind einige der Hauptlieferanten für Hartholz.

Einige Laubbaumarten:

● Esche   ● Ahorn
● Birke   ● Eiche
● Kastanie   ● Buche

● Lianen sind kräftige, strickartige Dschungelpflanzen, die bis zu 2 m dick werden können.
● Das größte, zusammenhängende Waldgebiet der Erde bedeckt Teile von Skandinavien und der nördlichen GUS, es ist über 9 Millionen km^2 groß.

Umweltschutz

● Wissenschaftler schätzen, daß sich die Durchschnittstemperatur der Erde bis zum Jahre 2030 um 2 bis 4 °C erhöht.
● Wenn die Temperaturen auf der Erde steigen, wird ein Teil der Eisdecken schmelzen und viele Küstenregionen überschwemmen.
● In Brasilien gibt es über 4 Millionen Autos, die mit einem Brennstoff der aus Zuckerrohr hergestellt wird, fahren.

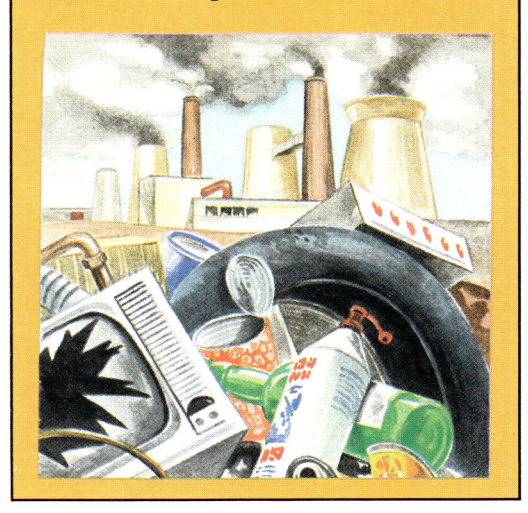

Register

Abbau von Bodenschätzen
Aconcagua 43
Affen 35
Affenbrotbaum 32
Afrika
  Berge 43
  Entstehung des
  Kontinents 9
  Flüsse 43
  Landfläche 9
  Seen 43
  Umriß 9
  siehe auch Nordafrika;
  Südafrika
Alaska 42, 43
Albatross 39
Aleuten, Erdbeben 43
Algen 6, 7, 38
Algerien, Fläche 42
Alpen, Erdbeben 14
Alt-Ägypten, Götter 24
Alte Chinesen 28
Altwasser 19
Amazonas 19, 34, 35, 43
Ameisen 35
Amphibien 6, 35
Anaconda 35
Anden 17, 43
Anemometer 25
Angelfall, Venezuela 19, 44
Antarktis 38, 39, 43
  Eisdecke 44
  Entstehung des
  Kontinents 9
  kälteste Ort der Erde 30
  südlichstes Festland 8
  Sommer 30
  Tiere 38
  Umriß 9
  siehe auch Polarregionen;
  Südpol
Äquator 4, 31, 33, 34
Ara 35
Arabien 37, 42, 44
Archäozoikum 6
Argentinien 42
Arktis 38, 39
  siehe auch Nordpol;
  Polarregionen
Asien
  Entstehung des
  Kontinents 9
  Flüsse 43
  Gebirge 43
  Fläche 8
  Regenwälder 34
Atacama (Wüste) Chile 27, 37
Äthiopien, heißester Ort der Erde 31

Atlantik 20, 21
Atmosphäre 24, 25
Aufwinde 25
Australien
  Entstehung des
  Kontinents 9
  Erforschung 37
  Fläche 8, 42
  Großes Barrierriff 20
  Hurrikanes 29
  Wüsten 37, 44
Ayers Rock, Australien 37

Baffininsel, Fläche 42
Baikalsee 18, 43
Bakterien 6
Bambus 32, 45
Bangladesh
  Deltas 19
  Zyklonen 45
Barriereriff (Wallriff) 20
Bäume 17, 32, 40, 44, 45
  siehe auch Wälder
Baumfrösche 35
Baumgrenze 17
Baumwollstrauch 33
Beaufort-Skala 24
Beaver Lake, USA 19
Beduinen 37
Berge 16, 17, 43
  höchster Berg 8
  Klima 30
  Luftdruck 24
Bestäubung 32, 34
Bhutan, Wälder 45
Bimsstein 10
Blauwale 39
Blitz 28, 45
  siehe auch Gewitter
Blitzableiter 28
Blumen 32, 33, 34
Boden 32, 40
Borneo, Fläche 42
Bosumtwi-See 19
Brachiosaurus 7
Brahmaputra 19
Brandungshöhlen 22
Brandungspfeiler 22
Brandungstore 22
Brasilien 42, 45
Brunei, niedrigster Berg 17
Buckelwale 19
Birma 11

Cashew-Kerne 35
Chemikalien 40
Chile
  Erdbeben 43
  trockenster Ort 27, 37
  Vulkane 42

  Wüsten 37
China
  Dürrekatastrophen 44
  Erdbeben 15
  Fläche 42
  Chlorophyll 32
Commonwealth Bay 24
Dauerfrostboden (Permafrost) 38
Deltas 19
Dhaulagiri 17
Diamanten 10, 11, 22
Dinosaurier 6, 7, 10, 11, 32, 42
Diplodokus 7
Donner 28
Drachen 6, 28
Dschungelbewohner 35
Dürren 27, 37, 44

Echsen 35, 37
Edelsteine 10, 11
Eisbären 39
Eisberge 21, 38, 44
Eisdecken 38, 44, 45
Eisen 11
Eiskristalle 26, 28
Elbrus 43
Elektrizität 40
Ellesmere-Insel 42
Energie- und Wärmelieferanten 11
Ecuador
Erdachse 5, 42
Erdbeben 8, 14, 15, 43
  Epizentrum 14
  Hypozentrum 14
  Messung 15
  Regionen 14
  Vorhersage 15
Erdbebenwellen 10, 14
Erde 4, 5, 42, 43
  Alter 6
  äußerer Mantel 10, 11
  Dichte 42
  Entstehung 6
  erstes Leben 6, 7, 42
  innerer Kern 10, 11
  Kruste 8, 9, 10, 11
  Fläche 42
  Mantel 10, 11
  Oberfläche 42
  Plattenbewegungen 8, 9, 12, 14, 16, 20
  Temperaturanstieg 31, 45
  Umlaufbahn um die Sonne 5, 31, 42
Erdöl 11, 39
Erdumfang 4
Eruptivgänge 12

Europa
  Entstehung des
  Kontinents 9
  Gebirge 43
  Fläche 9
Evolution 7
Exosphäre 25

Farbspektrum 24
Farne 32
FCKW 40, 41
Feuer 14
Finnland, Wälder 45
Finnwal 39
Fische 6, 18, 21, 35, 39
Flüsse 17, 18, 19, 26, 40, 43
Flußtäler 17
Flußterrassen 19
Fossile Brennstoffe 11
Fossilien 6, 7
Frühling 30, 31
Fumarole 12

Gabun, Wälder 45
Ganges 19
Gelber Fluß (Huang He), China 43
Gemäßigte Wälder 33
Gemäßigtes Klima 31
Geschmolzenes Gestein 10, 11, 12
Gesteine 10
Getreide 45
Gewitter 28, 29, 45
  siehe auch Blitz
Geysir 12
Gezeiten 20, 21, 44
Ghana, Seen 19
Gibson-Wüste, Fläche 44
Gletscher 17, 18, 43, 44
Globale Erwärmung 31, 40, 41
Gobi (Wüste) 47, 44
Gondwanaland 9
Granit 10
Gräser 32, 45
Grasländer 33
Großes Barrier-Riff 20
Great Dividing Range 43
Grönland 7, 44
Gletscher 8, 42, 43
Großbritannien, Fläche 42
Große Victoriawüste 44
Guadaloupe, Regen 27
Guatemala, Vulkane 42
Gummibäume 33
GUS
  Dürren 44
  Erdbeben 43
  Fläche 42

Gletscher 43
Seen 18, 43
Wälder 45

Halbinseln 42
Halbkugeln (Hemisphären) 4
   Jahreszeiten 31
Hammerhai 15
Harthölzer 40
Hawaii 26, 42
Heiße Quellen 12
Heiße Regionen 30, 31
Heißester Ort der Erde 31
Heißester Ort in den USA 37
Herbst 30, 31
Herculaneum 13
Herzmuschel 23
Himalaya 14, 16, 17, 43
Himmel 24
Höhlen 22
Höhlenmalereien 37
Hongkong, Taifun 45
Honshu, Fläche 42
Huang He (Gelber Fluß),
   China 43
Hudson Bay, Kanada 44
Humusschicht 34
Hurrikanes 28, 29

Iberische Halbinsel 42
Indien
   Deltas 19
   Dürren 44
   Entstehung des
     Kontinents 9
   Fläche 42
   Niederschlag 45
Indischer Ozean 20, 21
Insekten 32, 34, 35
Inseln 13, 42
Ionosphäre 25
Iran 43
Island 12, 13, 42
Italien 13, 43

Jahreszeiten 30, 31
Jangstekiang 19, 43
Japan, Muscheln 22, 23
Jupiter 4

K2 17
Käfer 35
Kakao 35
Kaktus 36, 45
Kalahari (Wüste) 37, 44
Kalkstein 10
Kalte Regionen 30
Kältester Ort der Erde 30
Kambodscha, Wälder 45
Kamele 37

Kamerun 42, 45
Kanada
   Gezeiten 44
   Fläche 44
   Hudson Bay 44
   Seen 18, 43
Kangchenjunga 17
Känozoikum 6
Karibu 39
Kaschmir, Saphire 11
Kaspisches Meer 43
Kilimanjaro 43
Klima 30, 31, 32, 40, 41
   siehe auch Wetter
Kohle 11
Kohlendioxid 32, 40
Kolibri 34
Kolumbien 11, 45
Kontinentale Kruste 10
Kontinentales Klima 30
Kontinentalplatten 8, 9, 12,
   14, 16, 20
Kontinentalschelf 20
Kontinente 8, 9
Korallen 7
   Atoll 20
   Riffe 20
Krakatoa 13, 42
Küsten 22, 23, 44
Küstenriff (Saumriff) 20

Labrador, Fläche 43
Länder 42
Laubbäume 17, 33, 45
Laurasia 9
Lava 12, 13, 43
Lawinen 4, 14
Leben auf der Erde 4, 6, 42
Lianen 34, 35
Licht 4
Lichtwellen 24
Luft 4, 5, 25, 40
   Druck 24
   Trockenheit 36
Luftmassen 27
Luftwurzeln 34
Mäander 19
Madagaskar, Fläche 42
Magma 10, 12
Magmagestein 10
   Edelsteine 11
Magnesium 11
Mahagoni 40, 41
Makalu 17
Malawisee 43
Malaysia 31
Mangan 21
Mangroven 23
Maritimes Klima 30
Marmor 10

Mars 4, 13
Mauna Loa 42
Meere 20, 21, 23
Meeresspiegel 22
Meeresströmungen 30
Meerwasser 20, 44
Mercalli-Skala
Merkur 4
Mesosphäre 25
Mesozoikum 6
Metamorphe Gesteine 10
Mexiko, Erdbeben 43
Mikroklimate 30
Mississippi 19, 43
Mond 5, 42
   Anziehungskraft des
     Mondes 20, 21
   Entfernung von der Erde
     42
Mongolei, Wüsten 44
Monsun 31
Mount Cook 43
Mount Everest 8, 16, 17, 43
Mount McKinley 43
Mount Vinson 43
Mount Washington 24
Mündungstrichter 19, 23
Muscheln 22, 23

Nachbeben 14
Nadelbäume 17, 32, 33, 45
Naher Osten, Totes Meer 44
Namibia, Diamanten 22
Napfschnecke 23
Naturkatastrophen
   Blitzschlag 45
   Dürren 44
   Erdbeben 43
   Hurrikanes 29, 45
   Lawinen 45
   Taifune 45
   Zyklonen 45
Neapel 13
Nebenflüsse 18
Nektar 32, 34
Neptun 4
Neuguinea, Fläche 42
Neuseeland 12, 44
Nickel 11
Niederschlag 26, 27, 31, 36,
   45
Nil 18, 19, 43
Nomaden 37
Nordafrika, Wüsten 37, 44
Nordamerika
   Entstehung des
     Kontinents 9
   Fläche 9
   Flüsse 43
   Gebirge 43

   Wüsten 37
Nordkorea, Wälder 45
Nördlicher Polarkreis 38
Nordpol 4, 44
   nördlichster Punkt (Land) 8
   Schnee 26
   siehe auch Arktis; Polar-
     regionen
Nordpolarmeer 20, 21, 38,
   44
Norwegen, Wasserfälle 44

Oberer See, Fläche 18, 43
Obsidian 10
Outback, Australien 37
Ozeane 8, 20, 21, 26, 44
Ozeanische Kruste 10
Oeanischer Rücken 21
Ozonschicht 25, 40

Paläozoikum 6
Pangaea 8, 9
Panthalassa 9
Papageien 35
Papua Neuguinea 45
Pazifik 14, 20, 34
Pazifischer Feuerring 12
Permafrost (Dauerfrostbo-
   den) 38
Persischer Golf 44
Peru, Lawinen 45
Pflanzen 4, 6, 45
   Arten 32
   erste Pflanzen 6, 7
   Fossilien 7
   im Gebirge 17
   im Regenwald 34
   in der Wüste 36
   salzverträgliche
     Pflanzen 23
Photosynthese 32
Pierwürmer 23
Pilze 34
Pinguine 39
Piranhas 35
Planeten 4, 6
Plankton 39
Pluto 4
Polarhasen 39
Polarnacht 44
Polarregionen 38, 39, 44
   Klima 31
Polartag 44
Pollen 32
Polypen 20
Pompeji 13
Portugal, Erdbeben 43
Pottwale 38
Pripjet-Sümpfe 43
Prisma 24

Proterozoikum 6
Proxima Centauri 32

Quallen 6, 7
Quelle (eines Flusses) 18

Radon 15
Recycling 40, 41
Regenbogen 27
Regenwälder 17, 33, 34, 35, 40, 45
Reis 32, 45
Reptilien 6, 35, 37
Richter-Skala 15
Riesen 6
Riesenkäfer 35
Riffe 20
Rocky Mountains 43
Rub al Khali (Wüste), Fläche 44
Rubine 10, 11

Sahara 31, 37, 44
Salomon Inseln, Wälder 45
Salto-Angel-Wasserfall, Venezuela 19, 43
Salzgehalt des Wassers 44
Salzmarschen 23
Samen 32
San-Andreas-Verwerfungslinie, USA 14
Sand 44
  Dünen 23, 36, 37
Schwarzer Sand 22
Sandstein 10
Saphire 11
Saturn 4
Saudi Arabien *siehe* Arabien
Sauerstoff 6, 32
Säugetiere 6, 35
Saumriff (Küstenriff) 20
Savanne, Pflanzen 33
Schiefer 10
Schlammspringer 22
Schlangen 15, 35, 37
Schlick 18
Schluchten 17
Schmetterlinge 35
Schnee 17, 26, 28, 44
Schneegrenze 17
Schottland, Gebirge 43
Schwertwal 39
Sedimentgestein 10
Seehunde 39
Seen 18, 19, 43
Seetang 21, 23
Seismographen 15
Skandinavien 42, 45
Smaragde 11
Solarenergie, 37

Sommer 30, 31
Sonne 4, 5, 26, 42
Strahlen 30
Sonnenaufgänge, Sonnenuntergänge 24
Sonnenlicht 4, 24
Sonnensystem 4, 6
Spinnen, in der Wüste 37
Springflut 20
Sri Lanka, Muscheln 2
Stadtklima 30
Stauseen 40
Stegosaurus 6
Sterne 5, 42
Strandhafer 23
Stratosphäre 25
Strauchvegetation 33
Strauße 37
Stromschnellen 18
Strömungen 21
Stubenfliege 39
Stürme 28, 29
Stürmischster Ort der Erde 24, 38
Sturmvogel 39
Subtropisches Klima 31
Südafrika 10, 37, 44
Südamerika
  Entstehung des Kontinents 9
  Fläche 9
  Flüsse 43
  Gebirge 4
  Regenwälder 34
  Umriß 9
  Wüsten 37
Sudan, Fläche 42
Südindien, Fläche 42
Südostasien 34
Südpol 4
Sumatra 42
Sümpfe 23, 43
Surinam, Wälder 45
Surtsey 13

Taifune 29, 45
Tal des Todes, USA 37
Täler 17
Tau 27
Tauben 14
Temperatur
  Anstieg 31, 45
  Antarktis 38, 39
  Atmosphäre 24
  größte Schwankungen auf der Erde 31
  im Erdkern 10
  im Gebirge 17
  von Meerwasser 20, 44
Tephra 12

Termiten 35
Tibet, Gebirge 43
Tiefseeberge 21
Tiefseeboden 20, 21
Tiefseegräben 20
Tiere 6, 15, 34, 35, 37, 39
  Dinosaurier 7
Titicaca-See 43
Tornados 29, 45
Totes Meer 44
Transantarktisches Gebirge 43
Trockenresistente Pflanzen 33, 36
Trockenster Ort der Erde 27, 37
Tropische Regenwälder 33
Tropische Zyklonen 29
Tropisches Klima 31
Troposphäre 25
Tsunami 14
Tukane 35
Tundra 33, 38, 44
Tyrannosaurus 7

Umweltfreundliche Produkte . 41
Umweltschutz 40, 41, 45
Umweltverschmutzung 40
Unterirdische Quellen 18
Untermeerische Berge 44
Untermeerische Canyons 20
Untermeerische Vulkane 42
Unterwasserhotel 21
Uranus 4
USA 14, 40, 45
  Geysire 12
  Fläche 42
  Kakteen 36
  Saphire 11
  Seen 18, 43
  Tornados 29
  Wasserfälle 44
  Wüsten 37

Vegetation 32
Vegetationszonen 33
Venedig, Italien 22
Venezuela 19, 44
Venus 4
Verdunstung von Wasser 26, 27
Verwerfungslinien 14
Vesuv 13
Victoriainsel, Fläche 42
Victoriasee 43
Vögel 6, 18, 23, 34, 39, 35
  Flug 25
Vulkane 12, 13, 16, 21, 42
Vulkaninseln 13

Vulkanische Bomben 12

Wälder 35, 40, 45
  siehe auch Bäume
Wale 38, 39
Wallriff (Barriereriff) 20
Wanderameisen 35
Wasser 4, 26, 27, 28
  heiße Quellen 12
  Strömungen 21
  Temperatur 44
  siehe auch Niederschlag
Wasserfälle 19, 44
Wassertröpfchen 26
Weißes Meer 44
Wellen 14, 21, 23
Wetter 26, 27, 28, 29, 45
  siehe auch Klima
Wetterleuchten 28
Willy Willies 29
Winde 21, 24, 25, 30
  siehe auch Tornados
Windmesser p25
Winter 30, 31
Wolken 27, 28
Würmer 6, 7, 23
Wüsten 33, 36, 37, 44

Yellowstone Nationalpark, USA 12
  Beaver Lake 19

Zellen 6
Zucker 6
Zyklon 45